風力発電機と
デンマーク・モデル
地縁技術から革新への途

松岡憲司
matsuoka kenji

新評論

はじめに

　地球規模での環境問題の重要性から、近年、風力エネルギーなどの再生可能エネルギーの活用が活発になっている。この数年、非常に急速に風力発電の導入に熱心に取り組んでいるのはドイツであるが、それよりも早く風力発電に力を注いできたのはアメリカ合衆国とデンマークであった。中でもデンマークでは、再生可能なエネルギー源の開発に非常に熱心である。すでに、風力、バイオマスを中心とする再生可能なエネルギー源がすべての消費エネルギーに占める割合が11％を超えている。そして、風力による発電は総発電量の12％を占めているまでに至っている[1]。

　もちろんわが国でも、二酸化炭素排出量に関する国際公約を実現するためにも再生可能エネルギーの普及が不可欠となっている。それを理由として、最近、風力発電への注目が一気に高まっている。新聞広告やテレビのコマーシャルなどでも、風力発電機を背景として使い、環境を重視しているというメッセージを訴える企業も多くなってきた。

　これまでは、分散型エネルギーという視点や環境保護といったという論点から「市民派」と呼ばれる人々が、自前のエネルギーを得るとともに環境にもやさしいという特徴から風力発電に注目してきた。また、風車にロマンを託しながら、あるいは風車が普及したデンマークやドイツを環境先進国としてユートピアのように憧れるというような視点から注目する人も少なくなかった。

---

[1] 数値は、どちらもデンマークエネルギー庁の資料に基づく数値である。

長い間、電力は典型的な自然独占型産業として、大企業による集中的な大規模発電を原則としてきた。一方、風力などの再生可能エネルギーによる発電は分散型の小規模発電技術である。ゆえに、風力エネルギーを普及させるということは巨大な電力産業との闘いとならざるを得なかった。しかし、大きな力をもった組織との闘いというのは、いつの時代も人々の共感を呼びやすい。風力発電の推進派は、エネルギーの中央集権的な管理に対するアンチテーゼとして分散型のエネルギーを高く評価するのである。

このようなエネルギーにおける分権と同じように、あるいはそれ以上に風力エネルギーを推進する原動力となったのは環境問題であろう。環境問題に関心をもたれるきっかけの一つとなったのが、1986年に起きた当時のソ連・チェルノブイリ原発事故によって原子力発電の危険性が世界的に認識されたことである。もう一つは、次第に深刻な問題になってきた地球温暖化の弊害である。つまり、化石燃料を燃やすことによって発生する二酸化炭素が地球全体の温度を高め、様々な問題を引き起こしているという問題である。原子力発電は、二酸化炭素の排出量削減という面では効果的であるという議論もあるが、一度事故を起こせば環境や人々の健康に壊滅的な打撃を与えるというリスキーな資源であることはいうまでもない。このような環境問題の解決手段として、自然エネルギーである風力発電に期待を抱く人が少なくないのである。

風力発電が早くから普及していたデンマークでも、このような傾向がなかったわけではない。反体制派のグループが結集して、当時として世界最大の風車を建てたこともあった。民衆派の技術開発の中心として日本で知られている研究センターもある。しかし、筆者が接したデンマークの人々の風車に関する接し方は、何かが違うのである。日本では「民衆派」として知られているグループへの視線もどこか冷ややかであるし、かつて世界最大の風車を建てた反体制派のデンマークの学校に至っては、いまや反社会的な犯罪者集団と見られている。これは筆者の周囲にいた人たちだけの傾向と思われるかもしれないが、多くの人たちに聞いても同じような答えが返ってくる。

2001年に、コペンハーゲンで開催された「ヨーロッパ風力エネルギー協会」のコンファレンスでのことであった。中世の趣を残すコペンハーゲン市役所の

ホールで開かれたレセプションにおいて歓迎スピーチをしたコペンハーゲン市議会の代表は、開口一番、「皆様を歓迎しますが、私は風力発電は嫌いです」と度肝を抜かすような挨拶をした。また、ある医師は、「こんなに風車が建つと、空気抵抗で地球の自転が遅くなるかもしれない」などという冗談で風力発電の推進派をからかっていた。

では、デンマーク人たちが自国の風力発電機産業に否定的かというと決してそんなことはない。多くのデンマーク人、とりわけデンマークの西部になるユトランド半島の人々にとって風力発電機産業は、自分たちが世界に誇る産業である。大企業が少ないデンマークで、風力発電機メーカーは数少ない大企業の一角を占めている。また、先端技術をもっていると言われている企業を訪問して話を聞いてみると、もともと風力発電機に関連する仕事をしていたという人が少なくない。デンマークの人たちが、風力発電や風力発電機産業を誇りに思っているのは、それが風車という長い伝統をもち古くから日常生活の中に組み込まれていたことや、風力発電を開発した人たちが農民と共に働いてきた鍛冶屋や大工といった身近な職人たちであったからなのである。

とはいっても、今日の風力発電機産業は、大企業の間で厳しい競争が展開されている近代的産業である。風車自体が非常に大型化してきたため、技術的にも、制御技術、空力学、構造力学などで最先端の技術が要求されるようになってきた。工学だけでなく、大型化した風力発電機を建てるためには巨額の資金が必要である。その資金をいかに調達するのかという、ファイナンスの問題も今日の風力発電にとっては重要な課題である。風力発電は、ロマンをかき立てると同時に確立した一つの産業で、ビッグビジネスでもあるというわけだ。

本書は、風力発電を産業という面から眺めてみようとするものである。風力発電に関わる市場としては、「風力発電機の市場」と風力によって発電した「電力の市場」の二つが考えられる。本書では、主として風力発電機の市場を対象としている。もちろん、風力発電機の需要は風力によって生み出された電力市場の状況に大きく依存している。風力による電力市場の供給者、すなわち風力発電所は風力発電機の買い手なのであるから、この二つの市場に密接な関わりがあるのは当然である。

風力発電機産業を取り上げるにあたり、とりわけ風力発電に関する技術開発のプロセスに注目し、技術開発プロセスを国際的に比較してみることにした。社会科学の立場から風力発電技術を国際的に比較するという研究は、欧米では多く行われている。それらの中で早くから行われたのは、コペンハーゲン商科大学産業社会学科の助教授であるピーター・カヌー（Peter Karnøe）による一連の研究である。Karnøe [1991] はデンマーク語で書かれているため馴染みづらいが、Karnø [1990] や Karnø and Garud [1998] のように、彼は英語でも多くの文献を著している。彼の研究は、デンマークとアメリカの風力発電開発の経過を比較し、トップダウン方式による開発が巨大なアメリカ企業の敗退の原因であると論じている。

　カヌーに続いて、オランダ・ハーグのラセノー研究所（Rathenau Institute）のリニー・ファン・エスト（Rinie van Est）もデンマークとアメリカ（特にカリフォルニア）の風力発電機産業を比較している（Van Est [1999]）。その他、ミュンヘンのドイツ博物館のマティアス・ハイマン（Matthias Heymann）はデンマークとドイツ、アメリカの比較（Heyman [1998]）をし、ユトレヒト大学のリンダ・カンプ（Linda Kamp）はデンマークとオランダの比較（Kamp [2002]、スウェーデンのチャルシュ工科大学のアンナ・ジョンソン（Anna Johnson,）とスタファン・ヤコブソン（Staffan Jacobsson）はドイツ、オランダ、スウェーデンの比較を行っている（Johnson and Jacobsson [2000]）。

　本書は、このような風力発電の技術開発の国際比較研究に日本を加えて、デンマーク、ドイツ、オランダと日本を比較検討したものである。特に、風力発電機という機械における技術革新のプロセスを国際比較したものである。技術革新を経済の推進力と考えたオーストリアの経済学者ヨゼフ・シュンペータ（Joseph Scumpeter）も指摘しているように、技術革新と企業規模の間には正の相関があるという仮説は古くから言われてきた。多額の研究開発費を投じ、多くの研究開発要員をもつ大規模企業が、技術革新の上で優位に立つことは常識のように思われるかもしれない。しかしながら、中小企業の中にも、研究開発を経営戦略の中心に置いて多くの技術革新を生み出してきた企業が少なからず存在する。

実際、これまでの研究でも技術革新と企業規模が正相関するというシュンペータ仮説は、必ずしも実証的に支持されてきているわけではない。1980年代のデンマークとアメリカの風力発電機産業を比較したとき、規模が小さいデンマークの風力発電機メーカーと巨大企業が中心だったアメリカ合衆国の風力発電機産業との競争で、結局、デンマークの中小企業が勝ったという事実はシュンペータ仮説が必ずしも正しくないという一つの例となるだろう。

　技術革新型企業と一概にいっても、実際には様々なタイプの技術革新がある。一般的には、技術革新には二つのタイプがあると言われている。一つは「漸進的改良（incremental improvement）」と呼ばれるものであり、もう一つは「跳躍的技術革新（quantum leap innovation）」と呼ばれているタイプである。漸進的改良とは製品や製法を少しずつ改良していくことで、連続的に行われていく。跳躍的革新とは画期的な新製品や新製法を生み出すような革新で、不連続的に発生することが多い。風力発電機の開発のプロセスにも、この跳躍的な革新をめざす場合と漸進的な革新を積み重ねる場合もある。このアプローチの違いが、産業の発展にどのように影響したのかも検討してみよう。

　どちらのタイプであれ、技術革新によって技術は変わるわけであるが、新技術は何らかの形で既存の技術の延長上にある。どれだけユニークな技術革新であっても、ある技術的基盤の上で革新が生まれる。技術革新は、よく生物の進化になぞらえられる[2]。生物の進化はDNAの変異によって生じるわけだが、すべてのDNAが変わってしまうような変異というのはあり得ないだろう。つまり、DNAの一部が変異するにすぎないのである。技術の進歩も同様で、これまでもっていた技術の上に新しい技術が生み出されるのである。その意味では、「跳躍的革新」であるか「漸進的改良」であるかは、程度の問題であるとも言える。このような技術変化がこれまでの技術的な遺産の上にあるということを、「経路依存性（path dependency）」と言う。技術に経路依存性があるということは、技術の伝統や地域に根ざしている地縁的、あるいは土着的な技術

---

[2]　進化経済学の代表的な研究書としては Nelson and Winter［1982］がある。進化論的な考え方の社会科学への応用については、藤本［1997］の補章2「社会システムの実証分析への進化概念の応用について」が平易に説明している。

が重要であることを意味している。

　さらに技術進歩は、既存の技術だけでなく社会の様々な要因によって制約を受ける。例えば、海外から技術導入をする場合、図面だけ購入しても、それを読み、理解するだけの能力をもった人がいなければ図面を製品化することはできない。このような技術の吸収能力のことを、一橋大学の小田切宏之教授と東京大学の後藤晃教授は「技術能力（technological capability）」と呼んでいる[3]。技術能力は、どのような教育制度をもっているか、人々は学習に対して意欲的であるかどうか、どんな技術的伝統をもっているのかなど様々な要因によって決まってくる。外部からの技術導入以上に内部での技術革新には、革新を進めていくための諸問題を解決していくだけの能力が必要となる。

　ここでは、そのような能力を、新古典派経済学が考えるような合理的経済人による目的変数の最大化行動ととらえるのではなく、それぞれの企業や社会がもっている「処理手順」によって問題解決していく能力と考える。技術革新について、企業や社会が備えている問題解決のための処理手順を「技術革新能力」と呼ぶことにしよう。本書における、風力発電機の技術開発の国際比較は、それぞれの国がもっている「技術革新能力」の違いが風力発電機開発にどのように影響したのかを考えてみようとするものである。

　オールボー大学のベント＝オーケ・ルンヴァル教授（Bengt=Åke Lundvall）は、技術革新システムの国際比較をしながら、技術革新に関するデンマーク・モデルを次のようにまとめている[4]。

❶産業分野として、中小企業が中心のローテク製品に特化している。この傾向は、コペンハーゲンよりもユトランドで特に著しい。風力発電機も「ハイテク製品」とは言えない。またこの点は、先に述べたシュンペータ仮説の検証という点からも興味深い特徴である。

❷技術革新について、企業内はもちろん企業外ともさかんに意見交換を行っている。しかし、いわゆる産・学協同はそれほどさかんでなく、科学知識に基づいた意見交換はあまり一般的でない。

❸高等教育を受けた人材が、民間企業ではなく政府機関などの公的部門で働く。これは、第二の特徴である技術革新があまり科学的知識に基づか

ないという側面とも関連しているだろう。
❹教育制度の特殊性。デンマークの教育制度は、自立心や責任感をはぐくむことに主眼が置かれており、アカデミックな知識の教育には重きが置かれていない。しかし、このような教育制度のため、企業内で権限を委譲された場合でもそれに応えることができる。
❺労働者の特徴。企業間での移動が激しいため、企業には社員を社内で教育しいようというインセンティブをあまりもたない。
❻労働力の柔軟性と高い効率性。

　このような技術革新のデンマーク・モデルの様々な要因は、まさに技術革新能力を形成する上で重要な役割を果たしたと考えられるのである。風力発電機産業の現状を見ていると、デンマークの風力発電機産業は成功を収めてきている。この成功をもたらすにあたり、デンマーク・モデルとして取り上げられた技術革新能力形成の諸要因がどのように影響したのかを考え、わが国の技術革新能力形成のために求められる政策を考えるのが本書のもう一つの課題である。
　本書の構成は、以下のようになっている。まず第1章では、世界と日本における風力発電の現状と風力発電機産業の概要を展望している。第2章では、近代的な発電用風車に至る前の、伝統的な風車による風エネルギーの利用技術の変遷史について、風車の本場オランダと、近代的な風力発電機産業の中心地であるデンマークを中心として振り返った。第3章では、デンマークにおける風力発電機開発の歴史的経過を19世紀の末から現代に至るまで歴史的に辿ってみた。第4章では、現在世界で最も風力発電がさかんなドイツについて、風力発電機開発の経過を第二次世界大戦の前から追いかけてみた。第5章では、風車の本場オランダにおける第二次世界大戦後の風力発電機開発経過をを振り返った。第6章では、日本の明治以降の風力エネルギーの利用と風力発電機の開発の歴史を展望した。第7章においては、わが国の再生可能エネルギー導入政策を概観した。これは、風力発電機産業と直接は関わらないが、風力発電機の需

---

(3) Odagiri and Goto [1996], p.5（邦訳 p.5）。
(4) Lundvall [2002] pp.194-198。

要に影響する重要な側面である。最後の終章では、技術革新の能力という視点から、ここで取り上げた4ヶ国の風力発電機の技術開発に関する特徴をまとめる。

　本書は、日本学術振興会科学研究費補助金を受けた「再生可能エネルギー利用における伝統的技術と政策の果たす役割に関する研究」(平成11年度、12年度)、および「誘因的政策および規制が再生可能エネルギーの普及に及ぼす効果に関する研究」(平成13年度、14年度)の成果の一部である。また、本書出版にあたっては龍谷大学出版助成金の援助を受けたことを記しておく。

もくじ

はじめに ··· 1
デンマーク地図 ·· 17
デンマークの風力発電発達史 ··· 18

第❶章 風力発電の今　23

1 世界の風力発電　24

2 日本の風力発電　26

3 風力発電機産業　29

（1）主要風力発電機メーカーとそのシェア ························32
（2）主要メーカーの参入・退出・合併 ·······························36
（3）部品メーカー ··37
　❶ブレードのサプライヤー ··38
　❷そのほかの部品のサプライヤー ···································39

4 最近の技術的特徴　40

（1）風力発電機の大型化 ···40
（2）プロジェクトの大型化とオフショア ····························44
（3）日本の大規模発電所 ···46
　❶風力発電所設置の経緯 ···47
　❷補助金および売電価格 ···48
　❸自治体にとってのメリット ···49

第❷章 風力エネルギー利用の歴史　51

1 ミル(製粉機)と風　52

2 オランダにおける風車の発達　54

(1) オランダの風車 ……………………………………54
(2) 排水ミル ……………………………………………56
(3) オランダ風車の種類 ………………………………59
　❶ポスト・ミル（イギリス型風車）………………60
　❷中空ポスト・ミル ………………………………60
　❸スモック・ミル（オランダ型風車）……………61

3 デンマークにおける風車の発達　63

4 風車とヨーロッパ社会　68

第❸章　デンマークの風力発電技術　71

1 風力発電の始まり　73

(1) ポール・ラ・クールによる世界最初の風力発電 ……73
(2) 本格的風力発電の開始──アグリコ風車からゲッサー風車へ……80
　❶アグリコ風車 ……………………………………80
　❷F.L.スミト社のエアロモーター …………………81
　❸ゲッサー風車 ……………………………………81
(3) オイルショックによるエネルギー問題への関心の高まり……87
　❶リーセーア風車 …………………………………87
　❷ツヴィン風車 ……………………………………88
(4) 大型機開発プロジェクト …………………………92
　❶ニーベ風車 ………………………………………92
　❷ヴィンデーン40とチェーアボー風車 ……………93

2 風力発電機の産業化　94

(1) 新規参入 ……………………………………………94
(2) 風力発電への投資と建設補助金 …………………96

（3）リソ国立研究所 …………………………………………… 98
　　（4）カリフォルニアブームによる産業の確立 ……………… 99
　　（5）デンマークの国内市場 …………………………………… 100
　　（6）風車の大型化 ……………………………………………… 102
　　（7）市場の拡大と大企業化 …………………………………… 104

3 風力発電機産業とサプライヤー　　105

　　❶ヴェスタス社 ………………………………………………… 105
　　❷NEGミーコン社 …………………………………………… 107
　　❸ボーナス・エナギー社 ……………………………………… 108
　　❹LMグラスファイバー社 …………………………………… 108
　　❺そのほかの部品メーカー …………………………………… 111

4 デンマークの風力発電技術革新能力　　111

第4章　ドイツの風力発電技術　　115

1 第二次世界大戦前　　117

　　（1）ベッツによる風車工学 …………………………………… 117
　　（2）ホンネフの巨大風車計画 ………………………………… 118

2 第二次世界大戦後——ヒュッターの活躍——　　122

　　（1）1940年代 …………………………………………………… 122
　　（2）W34 ………………………………………………………… 123
　　（3）グロヴィアン ……………………………………………… 124

3 1990年代以降　　128

　　❶100／250MW計画と投資補助金 …………………………… 128
　　❷固定価格による電力買い取り ……………………………… 129
　　❸低利融資 ……………………………………………………… 129

4　現在のドイツの風力発電機産業　　130
❶エネルコン社 …………………………………………130
❷ノルデックス社 ………………………………………131
❸リパワー・ジステムズ社 ……………………………131
❹デ・ヴィンド社 ………………………………………132
❺その他 …………………………………………………132

5　ドイツの風力発電技術革新能力　　132

第5章　オランダの風力発電技術　　135

1　伝統的風車の衰退　　138

2　第二次世界大戦後　　139

3　オイルショック後　　141
（1）エネルギー白書と風力発電の目標 ………………141
（2）国家プロジェクトによる大型機開発 ……………142
（3）独自に進められた小型機開発 ……………………143

4　NOW-1　　144
（1）NOW-1と参加機関 ………………………………144
（2）垂直軸風力発電機と水平軸風力発電機 …………146
　　❶垂直軸風力発電機（VAT） ……………………146
　　❷水平軸風力発電機（HAT） ……………………147
（3）ティップヴェーン …………………………………148

5　NOW-2プログラム　　150
（1）垂直軸風力発電機（VAT） ………………………150
（2）水平軸風力発電機（HAT） ………………………151

6 風力エネルギー統合プログラム（IPW）　　155

7 TWIN プログラム　　158

8 現在のオランダ風力発電機産業　　159

9 オランダの風力発電技術革新能力　　161

第❻章　日本における風力発電技術　　163

1 戦前　　164
（1）日本の風力発電——黎明期 …………………………164
（2）灌漑用風車 ……………………………………………166
（3）風力発電 ………………………………………………171
　❶大科式第1号風車 ……………………………………174
　❷大科式第2号風車 ……………………………………174
　❸大科式第3号風車 ……………………………………175
　❹大科式第4号風車 ……………………………………175
　❺大科式第5号風車 ……………………………………176
　❻放送用 …………………………………………………176
　❼その他 …………………………………………………176

2 戦後　　177
（1）山田風車 ………………………………………………177
（2）永岡式風洞型風力発電機 ……………………………180

3 公的支援　　182
（1）風トピア計画 …………………………………………182
（2）サンシャイン計画からニューサンシャイン計画へ …………184

4 大メーカーによる開発 187
（1）ヤマハ発動機——開発の沿革と特徴 …………………187
（2）三菱重工株式会社長崎造船所——開発の沿革と特徴 ……………189
（3）富士重工株式会社宇都宮製作所——開発の沿革と特徴 …………191
（4）エヌ・イー・ジー・ミーコン株式会社 ……………………193

5 日本の風力発電技術革新能力 196

第 *7* 章 日本における再生可能エネルギー 199

1 再生可能エネルギーとは何か——利用および使用状況 200

2 日本における再生可能エネルギー利用促進政策 204

（1）補助金 …………………………………………………204
　❶フィールドテスト事業補助金 ………………………204
　❷新エネルギー導入促進事業 …………………………205
　❸地域新エネルギー導入促進事業 ……………………205
（2）税制 ……………………………………………………206
　❶エネルギー需給構造改革投資促進税制（国税）……206
　❷ローカルエネルギー利用設備の固定資産税 ………206
　❸環境税 …………………………………………………208
（3）融資 ……………………………………………………208
（4）固定価格購入制度 ……………………………………209
（5）技術開発 ………………………………………………209
（6）電力市場の変化と市場政策 …………………………210

3 日本の再生可能エネルギー普及政策と風力発電 212

終　章　風力発電の技術革新能力　213

- （1）基盤となる技術 …………………………………215
- （2）中心となる人物 …………………………………216
- （3）研究機関 …………………………………………217
- （4）教育 ………………………………………………218
- （5）公的な支援 ………………………………………219
- （6）情報の伝達システム ……………………………219

あとがき …………………………………………………222
参考文献一覧 ……………………………………………225
索引 ………………………………………………………231

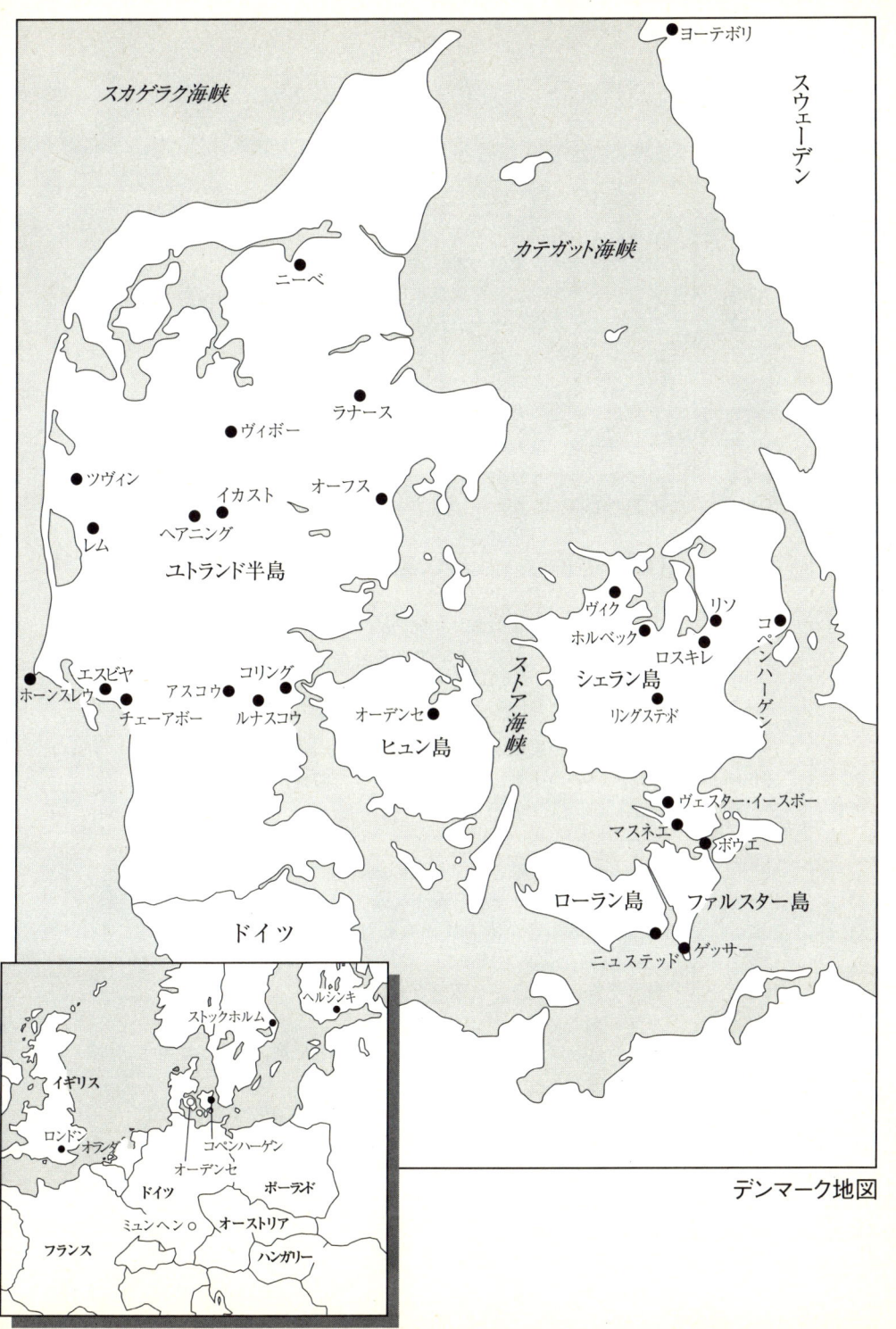

デンマーク地図

デンマークの風力発電発達史

1000年頃	水車による粉挽き臼（ミル）がイギリスより伝わる。
1259年	デンマークへ風車伝わる。
1780年	スコットランドより多翼風車によるヨー調整技術が伝わった。
1862年	風車を建てる場合や大型化するとき、国王の許可が必要。
1846年	ポール・ラ・クール生まれる（1908年没）。
1878年	ポール・ラ・クール、アスコウへ赴任。
1887年	ヨハネス・ユール、オーフスの農家に生まれる。
1891年	ラ・クール、最初の風力発電機を建てる。
1897年	ラ・クール、6枚羽根のより大きなオランダ型風車を建てる。
1900年	上記の風車、6枚羽根が重すぎたために4枚翼に交換。
1903年	デンマーク風力発電会社を設立。
1904年	「地域のための電気技術者養成講座」を開設。そこに、ユール入学。
1916年	デンマーク風力発電会社が解散。
1917年	プロペラ式の揚力タイプの6枚翼風車が、エーリク・ファルク、ヨハネス・イェンセン、ポール・ヴィンディングによって建てられる。
1928年	ラ・クールの風車が火災で焼失。
1945年	リュゲゴーの風車、デンマーク全土で67基が建つ。
1944年	F.L.スミト社の「F.L.S.エアロモーター」の生産台数が88台に達する。
1947年	ユールが風力発電の開発を始める。
1950年	ヴェスター・イースボー風車完成。
1950年	ユール、欧州経済協力機構の風力エネルギーの会議に出席（4月）。
1950年	風力委員会が設立される（9月）。
1952年	ボウエ風車完成。風力委員会は、ヴェスター・イースボー風車とボウエ風車の実験継続決定。
1954年	公益事業省から風力委員会に30万クローネが提供される（5月）。
1955年	リソ国立研究所が、原子力エネルギーの研究のために設置される。
1957年	ゲッサー風車完成（7月26日）。
1962年	ゲッサー風車を建てた「風力委員会」が、最終報告書を出して解散。

1976年	アメリカからの申し出で、ゲッサー風車再稼働の可能性について調査。
1977年	ゲッサー風車が再び稼働（1979年まで）。
1973年	第1次オイルショック。
1975年	リーセーアが、22kWの風力発電機を開発。
1975年	ツヴィン・フォルケホイスコーレで世界最大の風力発電機の建設計画。
1977年	ソネビア、エケア風力エネルギー社（Økær Vindenergi）を設立。
1978年	ツヴィン風車完成。
	リソ国立研究所にテスト＆リサーチ・センター設置。
1979年	ニーベA、ニーベBが完成。
	風車の建設補助金制度開始（〜1989年）。
	エネルギー省が設置される。
	ヴェスタス社、風力発電機の生産を開始。
	ノータンク社、風力発電機の開発に着手。
1980年	ボーナス・エナギー社、風力発電機の生産に進出。
1981年	エネルギー省が「エネルギープラン81」を発表。
1984年	公共電力協会（DEF）と風力発電機製造者協会（FDV）「10年合意」を締結。
1985年	エネルギー省と電力会社が、1986年から1990年の間に毎年20MWずつ、合計100MWの風力発電機を新設することで合意。
1985年	政府の決定により、風車所有者に制限が加えられるようになった。
1986年	カリフォルニアの優遇税制が終了。
1987年	「ウィンデーン40」運転を開始。
1988年	チェーアボー風車完成。
1990年	エネルギー政策の新しい基本方針として「エネルギー2000」が発表され（4月）、2005年までに1,500MWの風力発電機を設置することが目標とされた。
1992年	「風力発電機法」が制定。
1994年	居住制限が緩和された。
1997年	NEGミーコン社、ノータンク社と再度合併して「NEGミーコン社」になる（本社はラナース）。
1998年	ヴェスタス社、NEGミーコン社、コペンハーゲン株式市場に上場。
2003年	ヴェスタス社とNEGミーコン社の合併計画発表（12月）。

凡例

1) デンマーク語、ドイツ語、オランダ語の人名、企業名、地名などのカタカナ表記にあたっては、できるだけ現地での発音に近い表記をするよう心がけている。ただし、ポール・ラ・クールやコペンハーゲンといったように、日本での慣例的な表記が定着している場合には、その慣例的な表記を採用している。
2) 風車の翼を示す言葉は、伝統的な風車の場合には「羽根」、現代の発電用風車の場合には「ブレード」という用語を原則として用いている。
3) 文献の表記は、本文中の場合には書名（あるいは論文名）を表記したが、註では著者名［発行年］という形式で表記しており、本の末尾の参考文献一覧を参照いただきたい。
4) 文中で新聞、雑誌名が出てくる場合、＜新聞、雑誌名＞と表記した。
5) 参考文献一覧では、邦文論文の場合「論文題名」とし『掲載誌』とした。書物の場合には『書名』と表記した。欧文論文の場合、"論文題名"とし掲載誌名はイタリックで示した。書物の場合には、書名をイタリックで表記した。
6) 敬称は省略させていただいた。

風力発電機とデンマーク・モデル
―― 地縁技術から革新への途 ――

第1章
風力発電の今

ニュステッドに建設されたオフショワ・ウインドファームのテストのために建てられたボーナス社製2.2MW機

 世界の風力発電

近年、世界中で急速に風力発電がさかんになっている。われわれの身の周りでも、新聞などに風力発電の記事を見かける機会が以前に比べて格段に多くなった。またそれだけでなく、テレビの CM や新聞広告の背景として風力発電機が使われているものがよく目につくようにもなってきた。これらだけを見ても、風力発電がわれわれにとっても身近な存在になってきたと言っていいだろう。

約20年間にわたる世界全体での風力発電の推移を見ると図1－1のようになる。2002年には、風力による発電能力はこれまでに設置されたものを合計すると30,000MWを突破して32,037MWに達している。年ごとに新設される風力発電機も年々増加し、2002年で見ると過去最大となる7,227MW規模の風力発電機が設置されている。図1－1からもわかるように、この10年間の増加は特に著しく、2002年の累積発電能力は10年前の1992年に比べておよそ12.6倍にな

COLUMN

MW（メガワット）：ある一定の風速下で、発電機が1時間に生み出す電力を定格出力という。

風車の発電する能力は「定格出力」と呼ばれ、1時間当たりに発電する電力で表される。一般家庭で使われる電力は、家庭ごとのバラツキが大きいが、平均的には1年で3,500kWh 程度である。風力発電の場合、風の強弱があるためいつも動いているわけではないし、定格出力を発電するだけの風力があるとも限らない。これを考慮して、定格出力に対する実際に発電した電力の比率を「利用率」という。わが国における利用率は20～30％前後のケースが多い。もし、定格出力1MWの発電機で利用率が20％であるとすると、1年間の発電量は「1MW×0.2×24×365＝1,752,000kWh」となり、これを各家庭で1年間に使う3,500kWhでさらに割ると「約500」となり、1MWの発電機でおよそ500軒分の電力が賄えることになる。ちなみに、原子力発電所の場合、定格出力は500MWから1,000MWで、利用率は70～80％といわれている。

っている。

　風力発電のこのような急増の背景には二つの要因がある。まず、最初に挙げなければならないのは、いうまでもなく地球規模での環境問題の深刻化である。地球温暖化による諸問題はすでに現実のものとなっており、温暖化防止のための抜本的な対策が世界的に求められている。その一つが自然エネルギーなどの再生可能エネルギーの活用であり、その中で最も現実的であり、普及が進んでいるのが風力エネルギーなのである。ちなみに、地域的にはドイツ、スペイン、デンマークなどのヨーロッパが最も熱心である。

　もう一つの要因は、インド、中国内陸部、アフリカ、南米などに代表される新興経済圏での電力需要を満たすための風力発電である。これらの地域では、発電能力がまったく不足しているにもかかわらず外資不足で石油の輸入が困難であったり、内陸に位置するために石油の輸送が容易でなかったりするため火力発電に頼ることが難しい。ゆえに、地元のエネルギー源として風力が注目されているのである。

　国別の発電能力を見ていくと、かつてはアメリカ合衆国とデンマークが最上

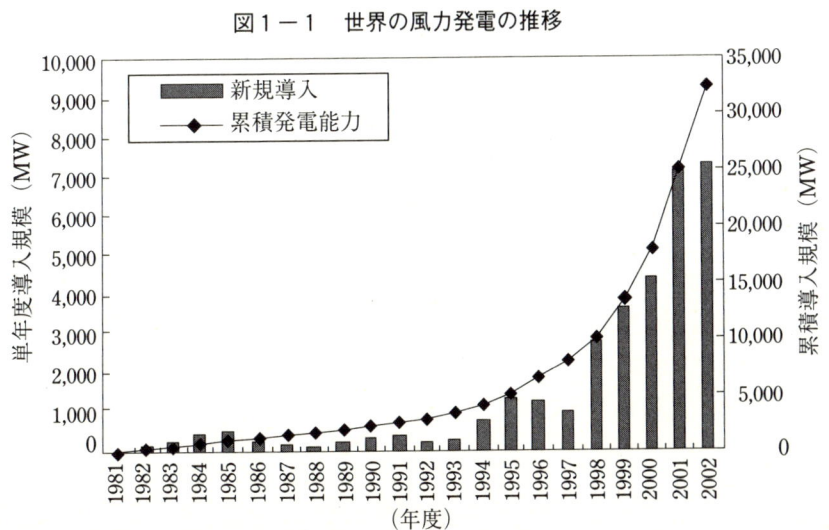

図1－1　世界の風力発電の推移

出所：Windpowe Monthly, April 2002.

位であったが、この数年ドイツとスペインにおける風力発電設置が急速に進んだため、新規設置、累積発電能力ともにドイツが第1位、スペインが第2位となっている。2002年に新規設置された風力発電を定格出力（24ページのコラム参照）で見ると、ドイツでの設置が3,200MWと世界全体の新規設置の45％を占めており、スペインが約1,500MWと世界全体の約20％となっている。このように、世界全体で新たに設置された風力発電機の約65％がドイツとスペインに集中しており、両国における積極的な風力発電の導入がうかがえる。

すでに設置された風力発電機の定格出力を合計し、現在の発電能力を見ると、ドイツでは2002年末で約12,000MWに達しており、世界における風力発電能力の37.4％を占めている。以下、スペインが約5,000MW（15.7％）、アメリカ合衆国約4,700MW（14.6％）、デンマーク2,900MW（9.0％）と続き、第5位にはインドが1,700MW（5.3％）で登場してくる。

ドイツでは、風力エネルギーによる発電の割合の長期目標を、2030年までに20～24％にするという高い水準が設定されており、そのためここ数年間、急速に風力発電を導入している。また、投資促進策として1991年には「電力供給法」が制定され、電力会社に対して再生可能エネルギーによって発電された電力を小売価格の90％で買い取る義務を課した。その後、2000年には「再生可能エネルギー法」を制定し、電力会社間で負担を公平化する仕組みを導入している[1]。

 日本の風力発電

次に、日本の風力発電の現状を見ていこう。

わが国の風力発電への投資は、ドイツやスペインなどの先端的な諸国に比べるとまだまだ低い水準でしかない。2002年度末の累積発電能力は486MWであった。また、累積発電能力では2002年の数字で世界第9位ではあるものの、首位ドイツの11,968MWに比べると4％ほどにしかすぎない。

絶対的な投資水準や累積発電能力ではまだまだ低い水準のわが国だが、近年

の成長は著しいものがあり、2002年に新設された風力発電能力は129MWで世界第7位、2002年の対前年比を見ると36.1％増となっている。この伸び率は、ドイツ（37.0％）やスペイン（42.1％）と比べてもそれほど低い値ではない。さらに注目すべき点としては、この3年間の平均成長率は92.7％増と他の国々に抜きんでて高い成長率となっており、いくら元の数値が低いものであるとはいえ、この2〜3年でいかに風力発電がさかんになってきたかを如実に物語っている[2]。

このような急増の背景として様々な要因を挙げることができるが、最も大きな影響を及ぼしていると思えるのが国の積極的な導入姿勢への転換である。

風力発電に関する諸政策は、柏木孝夫東京農工大学教授をはじめとする37人の委員から構成されている経済産業省の「総合資源エネルギー調査会新エネルギー部会」において議論されている。2001年6月、部会でエネルギーの長期需給見通しが見直され、2010年の導入目標が従来の300MWから3,000MWへと引き上げられた。この目標は、大変意欲的ではあるものの、今後8年間で2,500MW以上の投資をしなければならないことを意味しており、目標達成は決して容易なことではない。

このような思い切った目標の引き上げは、1997年12月に京都で開かれた「気候変動枠組み条約第3回締約国会議（通称COP3）」の合意に基づく、わが国の国際公約（2008年から2012年までに、1990年を基準としてCO_2などの温室効果ガスを6％削減しなければならない）を果たさなければならないという差し迫った状況を背景としている。また、再生可能エネルギー利用促進を市場メカニズムを活用することで実現する方法として「再生可能エネルギー割当制度（RPS: Renewable Portfolio Standard）」という方法が注目されている（第7章を参照）。そして、わが国でも2002年には電気事業者に新エネルギーなどによる電気の利用を義務づける「電気事業者による新エネルギー等の利用に関する特別措置法（別称、RPS法）」が制定され、2003年4月1日に施行された。

現在のわが国の風力発電機の設置状況を見ると、最も多いのが北海道である。

---

(1) ドイツの現状については第4章を参照されたい。
(2) 数値はBTM［2003］による。

図1－2 地域別風力発電導入量（2003年3月末現在）

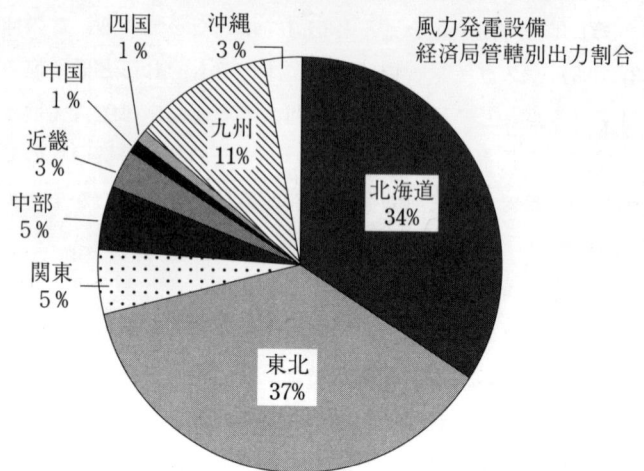

出所：新エネルギー・産業技術総合開発機構（NEDO）資料。

図1－3 日本の風力発電システム導入量の推移

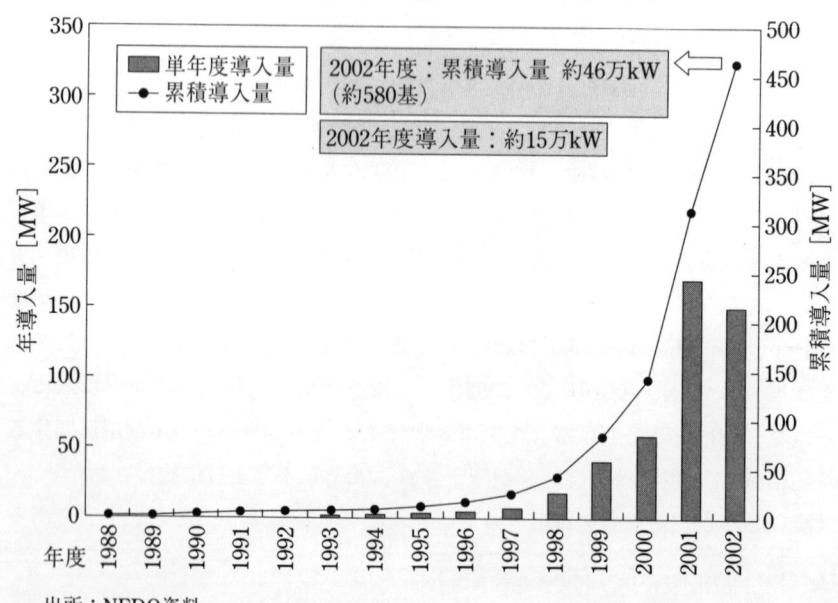

出所：NEDO資料。

北海道苫前町の風力発電所

　日本で最初の本格的なメガワットクラスの風力発電所があることで知られている日本海に面した苫前町（札幌より北へ120km）をはじめとして、北海道では大型の風力発電所がいくつもある。それに続くのが青森、秋田の両県で、日本の北部に半分以上の風力発電機が設置されている。
　しかし最近では、鹿児島県、沖縄県、長崎県といった九州・沖縄地域でも風力発電機の設置が活発化している。また、ヨットマンでもある石原慎太郎東京都知事は、「東京湾は風の通り道であることをよく知っている」と述べ[3]、東京湾での風力発電に積極的な姿勢を示してきた。その成果として、2003年3月には東京港の中央防波堤外側埋立地（江東区青海）にも「東京臨海風力発電所（ジェイウインド東京）」が設置されるなど、全国に風力発電の建設が広がっている。ちなみに、日本における風力発電システムの導入量の推移は図1－3のようになっている。

風力発電機産業

　風力発電を行うにあたっては、当然のことながら様々な企業がかかわることになる。まず、発電機の供給側では、発電機本体を組立てるメーカーと、その

---

(3) 2001年5月28日「石原知事と議論する会」における発電。〈朝日新聞〉(2001年5月29日)

組立メーカーに様々な部品を供給する部品サプライヤーからなっている。

一方、需要側は、風力発電機の購入者、すなわち風力発電所を設置しようとする者となる。これには、個人の場合もあれば大規模な電力会社という場合もあるし、その他に小規模な企業や協同組合、あるいは日本の場合などでは地方自治体ということもある。そして、売り手と買い手の間に入るのが風力発電のディベロッパーである。

ここでは、風力発電機の組立メーカーの市場を中心として、風力発電機産業の現状を概観していくわけだが、その前にいくつかの風車の形式と技術的特徴について簡単に説明しておこう。

風車は、風のエネルギーを回転軸に伝え、その回転運動によって発電機を回す。そして、その回転運動をする軸の向きによって風車は大きく二つに分けられている。現在最も一般的であるのは、回転軸が地面に水平である「水平軸風力発電機（Horizontal Axis Wind Turbine）」である。それに対して、回転軸が地面に垂直である「垂直軸風力発電機（Vertical Axis Wind Turbine）」にはサボニウス型、ダリウス型などがあり、風力発電の初期にはよく見られたが、現在の大型機の場合はほとんどすべてが水平軸風力発電機であると言ってよいだろう。

水平軸風力発電機は、翼（ブレード）の正面が風向きの上の方を向いているか、下の方を向いているかによって二つに区別され、ブレードの正面が風上を向くタイプを「アップウインド」、風下を向くタイプを「ダウンウインド」と呼んでいる。

風力発電は、当然、風の力を利用するのであるが、その風の力はいつも一定ではないし風向きも変わる場合が多い。風力の変化に対応する主な方法には二つあり、一つは、ブレードの回転軸（ハブ）に対する角度（ピッチ角）を変化させて対応する「ピッチ制御」と呼ばれる方法である。もう一つは、ピッチ角は固定しておき、ブレードの断面形状によって制御する「ストール制御」と呼ばれる方法である。ストール制御の場合、風力が強くなるとブレードの表面に空気の渦が生じて翼を動かす浮力が低下して失速（ストール）状態に陥って回転が抑えられることになる。

第1章 風力発電の今 31

図1−4 アップウインドとダウンウインド

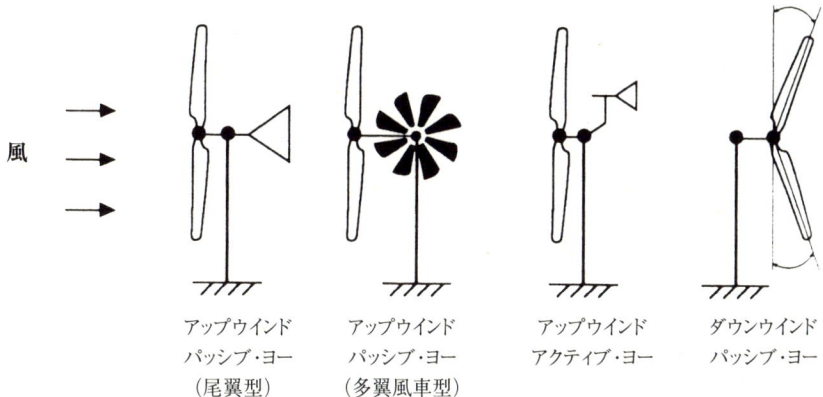

出所：Gipe [1995] p.176 Fig 6.19 より転載

図1−5 水平軸風力発電機と垂直軸風力発電機

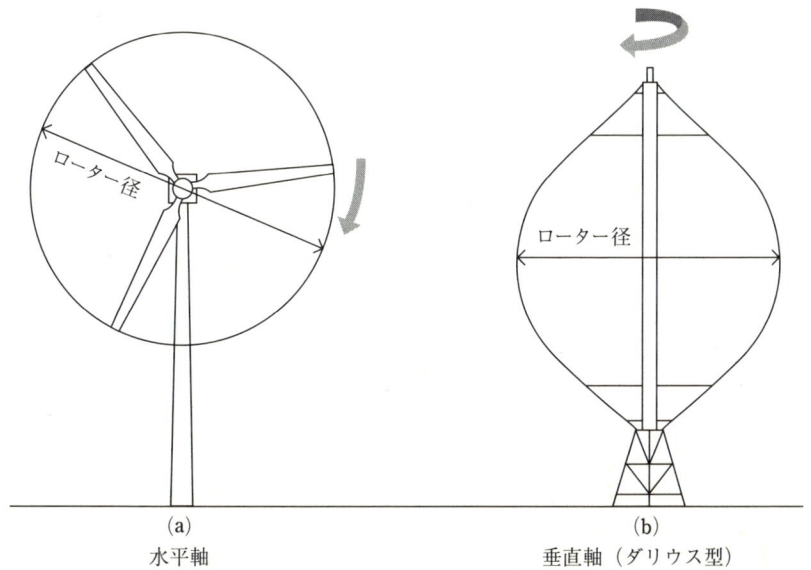

出所：Gipe [1995] p.170 Fig6.14より転載。

そして、風向きの変化に対してブレードの向きを調整することを「ヨー制御」という。ヨー制御には、モーターなどの動力によって制御する「アクティブ・ヨー」と、動力を使わないで尾翼などで制御する「パッシブ・ヨー」の2種類がある（前ページの**図1-4**を参照）。

（1）主要風力発電機メーカーとそのシェア

最近の風力発電機メーカーの世界市場でのシェアは、**図1-6**のように推移している。各社の詳しい発展経過は国別の技術変化に関する各章において述べることとし、ここでは簡単な紹介をしておこう。

2002年時点で、累積シェアおよび単年度設置シェアともに第1位のヴェスタス社（Vestas）は、1979年から風力発電機の生産に取り組んでいるデンマークのメーカーである。世界40ヶ国以上に販売拠点をもち、わが国にも東京・港区虎ノ門に支店を構えている。

図1-6　世界の風力発電設備能力の推移と主要メーカーの市場シェア

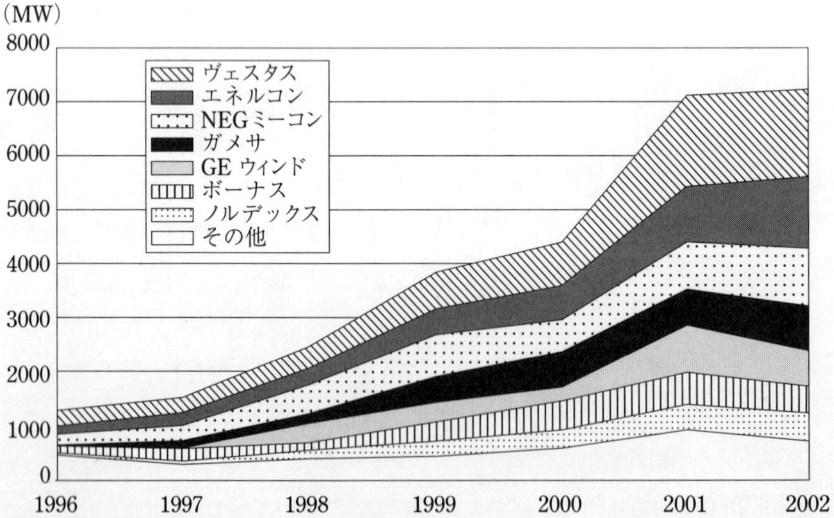

出所：BTM, World Market Update 各年版より作成。

現在の販売機種は、一基当たり660kWの規模のものから最大3MWレベルのものまである。デンマークのメーカーの中では、唯一ブレード（翼）を自社生産していたり、制御システムとして早くからピッチ制御を採用するなどユニークな存在として知られている。1998年には、コペンハーゲン株式市場に上場も果たした。

　第2位のエネルコン社（Enercon）はドイツのメーカーで、いうまでもなくドイツ最大のメーカーである。創業は1984年と比較的新しいが、先進的な技術開発に取り組んでおり、自社設計の多極同期発電機やギアレス[4]などに特徴がある。2002年には、4.5MWという巨大な風力発電機の試作機を立ち上げた。事業を国際的に展開するようになった現在も、創業者であるアロイス・ウォベン（Aloys Wobben）の個人所有会社のままである。

　第3位のNEGミーコン社（NEG Micon）もデンマークのメーカーである。日本には、早くも1993年3月に石川県松任市の海浜公園に100kW機が設置されている。外国メーカーの中では日本への進出が早かったために、現在、日本の各地で同社の風力タービンを見ることができる。定格出力で見ると、日本国内の累積シェアでは24％と第1位を占めている。

　同社の前身は水や油のタンクをつくるノータンク社（Nordtank）で、1979年より風力発電機の生産を開始した。その後、ノータンク社は分裂し、ノータンク社とミーコン社となった。ところが、1997年に両社は再び合併し、現在のNEGミーコン社となったわけである。機構的には、アップウインド、ストール制御、3枚翼という伝統的かつ典型的なデンマークの風力タービンをつくってきた。ヴェスタス社同様に、1998年よりコペンハーゲン株式市場に上場している。

　第4位のGEウインド社（GE Wind Corp.）は、社名からもわかるようにアメリカの総合電機メーカーGE[5]の一部門である。具体的には、GEの発電機部門であるGEパワーシステムズの一部をなしている。

---

[4] 従来の風力発電機は、38ページの図1-7のようにハブの回転数を、増速ギアによってより高くして発電機を回している。ギアレス機とは、この増速機がなく、ハブと発電機がそのままつながっている。

風力発電機の世界で、GE という名前は新顔となる。というのも、同社は2001年12月に破綻したアメリカの新興エネルギー企業「エンロン・グループ」のエンロン・ウインド社（Enron Wind）の製造部門を2002年5月に GE が買収して発足したものなのである。さらに遡ると、1980年に創業したアメリカの風車メーカーであるゾンド社（Zond）と、1990年に創業したドイツの風車メーカーであるタッケ・ウインドテヒニク社（Tacke Windteknik GmbH und Co. KG）をエンロン・グループが1997年に買収して設立したのがエンロン・ウインド社であった。

　ゾンド社は、もともとは風力発電所の開設を手がけるディベロッパーであった。主にヴェスタス社の製品を輸入していたが、その後、自社の発電機を製造するようになったわけである。ちなみに、最初の試作機を設置したのは1996年のことであった。もう一つの母体であるタッケ・ウインドテクニク社は、100年近い歴史をもつギアボックスのメーカーであった。風力発電機の生産に乗り出したのは1984年のことであった。GE ウインド社の製品規模は、900kW から3.6MW にまでわたっている。

　続く第5位は、先にも述べたように、ドイツと並んで急速に風力発電が普及しているスペインのガメサ・エオリカ社（Gamesa Eólica）である。1994年に、デンマークのヴェスタス社と「ガメサ・グループ（Gamesa Group）」、そして地元の地方政府の出資で設立された。その後、ヴェスタス社と地方政府は出資を引き揚げ、現在はガメサ・グループの100％所有である。また、ガメサ・グループは、航空機、ギアボックス、電子製品、グラスファイバー製品など様々な分野に多角化した企業である。

　第6位のボーナス・エナギー社（Bonus Energy）もデンマークのメーカーである。同社は現存するデンマーク企業の中で最も古く、もともとはダンライン社（Danregn A/S）という散水機のメーカーであったが、1980年より風力発電機の生産に取り組んでいる。

　第7位のノルデックス社（Nordex）は、2001年4月にフランクフルト株式市場に上場されたためドイツのメーカーとされているが、元はデンマークの会社である。1987年以来、風力発電機の開発・生産に従事し、1996年、ドイツの

グループ企業「バブコック・ボーズィッヒ AG（Babcock Borsig AG）」のバルケ・ドゥール社（Balke Durr GmbH）によって買収され、現在は同じバブコック・グループのボーズィッヒ・エネルギー社（Borsig Energy）の一員となっている。

　第8位はスペインのMADEエネルギアス社（MADE Energias Renewables）である。同社は、スペインの国有電力会社であるグルポ・エンデーサ社（Grupo Endesa）によって100％所有されている。また、第9位もスペインのメーカーでエコテクニア社（Ecotécnia）である。同社は、1970年代後半から太陽エネルギーなどの再生可能エネルギー開発に従事して、その後、風力発電機の製造に進出した。

　ベスト10の最後は、2001年1月に創業したばかりのドイツのメーカーであるリパワー・ジステムズ社（REpower Systems AG）である。同社は、風力エネルギー分野で活動していたヤコブス・エネルギー社（Jacobs Energie GmbH）やHSW社などの三つの企業が合併して設立されたものである。同社は、最近5MW機の開発に取り組むなど、先端技術の追求にも意欲的である。

　日本で、唯一大型の風力発電機の生産に取り組んでいるのが三菱重工である。2002年には残念ながらベスト10から脱落して第11位となったが、これまではベスト10の一角を常に占めてきた。1980年代、カリフォルニアでは公益事業規制政策法（通称、パルパ法）による税控除によって風力発電機ブームが起きた。三菱重工は、そのブームの中の1987年にカリフォルニアのテハチャピという所に風力発電機を建て、その後も日本国内よりも海外各地に多くの風力発電機を建ててきた。最近では、メガワットクラスの風力発電機を開発している。

　その他ヨーロッパでは、ドイツのデ・ヴィンド社（DeWind。1995年の創業、2002年にイギリスの企業British FKI Group of companiesに買収された）やフーアレンダー社（Fuhrländer GmbH。1960年代から活動している金属加工会

---

(5) ゼネラル・エレクトリック（General Electric Co.）。1892年に設立されたアメリカの総合電気会社。航空機エンジンや航空宇宙部門の電子システムなど、高付加価値の製品を製造販売している。日本でも、日本ゼネラル・エレクトリックほか関連企業が多い。本社は、コネティカット州フェアフィールド。

社)、オランダのラーヘルウェイ社（Lagerwey the Windmaster）などがある。ラーヘルウェイ社は、近年、わが国にも大変多く導入がされており、2002年のわが国の新設風力発電機を定格出力で測った場合49.5%のシェアがある。これは、本国のオランダだけではなく、世界でも稀にみる高い占有率である。

第1節でも少し触れたように、アジアの国々の中で古くから風力発電機生産に取り組んできたのがインドである。インドは風力発電機の設置量も多く、2002年末の累積発電能力は1,702MWとわが国の3倍以上にもなっている。このインドを代表する風力発電機メーカーとしてはスズロン社（Suzlon Energy）が挙げられる。

（2）主要メーカーの参入・退出・合併

近代的な風力発電機産業の勃興期には、様々な業種から多くの参入があった。そのうちの多くが腕に覚えのある大工や鍛冶屋という職人で、比較的小型の風車をつくった。特にデンマークでは、1970年代の終わりから1980年代にかけて多くの風車発電機メーカーが誕生した。これらは、第3章の表3－6（96ページ）で詳しく述べている。しかし、それらの多くは今日淘汰されて市場から消え去っている。

今日、風力発電機の市場は大企業の競争の場となっている。そのような状況を反映してか、近年、新規企業の参入はあまり活発ではない。そんな中で2001年1月に設立されたのが、第10位として紹介したドイツのハンブルグに拠点を置くリパワー・ジステムズ社である。また、第4位のGEウインド社も、先に述べたように2002年参入という新たなメーカである。

オランダのラーヘルウェイ社から2000年に独立したゼフィロス社（Zephyros）や、ドイツの応用科学大学の研究室から1999年に生まれたヴェンシス・エネルギー・ジステム社（Vensys Energiesystem GmbH & Co.K.G. http://www.htw-saarland.de/forschung/wind/index.html）などの新しいメーカーも誕生しているが、やはりそれほど多くはない。ちなみに、ゼフィロス社（http://www.zephyros.com/）は、騒音の発生源となる増速ギアをもたない「ギアレスの2

MW機」という先進的な発電機を開発している。

わが国では、大型機を生産している三菱重工以外にヤマハ発動機が小型機を生産していた。しかし、経営上の判断から1999年に撤退してしまった。その一方、富士重工が主に離島用として中小型機市場に進出してきた。

前述のように、1980年代初めには多くの風力発電機メーカーがあったデンマークも、現在は少数企業の寡占状態になっている。この過程でいくつものメーカーが消滅していった。これらは合併というよりも競争の中で淘汰されたり、主要な技術者の移籍によって消えていったものが多い。例えば、ソーネベア社（Sonebjerg）というメーカーにいたラルス・ブッツ（Lars Butz）という開発責任者は1984年にノータンク社（Nordtank）に移籍し、ソーネベア社は風力発電機市場から去った。ブッツはさらに、1992年にヴェスタス社へ移籍している。

近年、合併に積極的だったのがNEGミーコン社である。先にも記したように、1997年にノータンク社とミーコン社が合併して誕生したのが同社であるが、その後も1999年にオランダのネドウインド社（Nedwind）、デンマークのウインド・ワールド社（Wind World）などを買収した。

そして、最も業界を驚かせたのが、2003年12月に発表された、デンマークの上位2社のヴェスタス社とNEGミーコン社の合併計画であった。この合併が計画通り実現すると、かつては20社以上あったデンマークの風力発電機メーカーが新ヴェスタスとボーナス・エナギー社の2社になってしまう。これは、デンマークだけでなく世界の風力発電機産業の競争に大きな影響を及ぼす可能性があり、今後、EU内の競争委員会などで議論を呼ぶものと予想される。

（3）部品メーカー

風力発電機は機械であるから、当然のことながら、いくつもの部品を組み立てて出来上がることになる。その風力発電機のおおまかな構造は図1-7のようになっている。外観から見えるものとしては、塔とその頂上にある「ナセル」と呼ばれる発電機の入った箱、そしてそのナセルの前面に付けられた翼（ブレード）である。当然、ナセルの中にある最も重要な部品は発電機である。

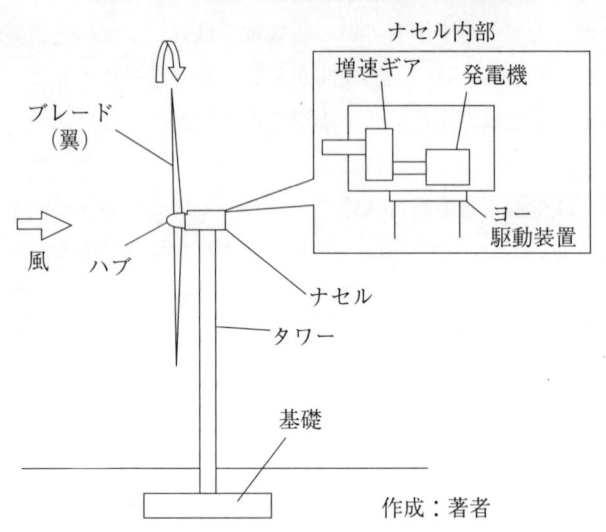

図1−7　標準的な風力発電機の主要部品

作成：著者

そして、ブレードの回転速度を増速して発電機により高い回転速度を与える増速ギアも重要な役割を果たしている。ただ近年は、先ほども少し述べたように、増速ギアをもたないギアレス風車も増えてきている。そのほか、発電した電力を一般の電力網（系統電力）に接続するための制御装置も重要な役割を果たしている。

このような部品について、多くの風力発電機メーカーは社外のサプライヤーから調達しているわけだが、それらを少し簡単に紹介しておこう。

❶ブレードのサプライヤー

多くの風力発電機メーカーは、ブレードを自社では生産していない。ブレードの専門メーカーとして最も名高いのはデンマークのLMグラスファイバー社である。LMグラスファイバー社は、デンマークだけでなくドイツ、スペインといった風力発電が急成長している国、以前より風力発電がさかんだったアメリカ合衆国、そして急成長が見込まれるインドや中国にも生産拠点をもっている。

自社で内製しているメーカーとしてはデンマークのヴェスタス社や日本の三菱重工などがあるが、やはりブレードの専門メーカーとして最も大きいのはデンマークのLMグラスファイバー社である。

風力発電産業の初期、つまり1970年代後半には複数のブレードメーカーがあり、グラスファイバーの技術をもったボートメーカー系の会社としてLMグラスファイバー社とMATエアフォイル社が有名であった。また、ヴェスタス社にブレードの技術を売ったエーリク・グローヴェ=ニールセン（Erik Grove-Nielsen）は「エーロスター（Aerostar）」という商品名で自らブレードを販売し、その後ヴェスタス社が出資するアルターナジー社（Alternergy）という新たに設立されたブレードメーカーのコンサルタントに就任した。

そのほかにもカイ・ヨハンセン（Kaj Johansen）という大工が設立したK.J.ファイバー社（K.J.Fiber）というブレードメーカーもあったが、アルターナジー社が1985年頃、K.J.ファイバー社が1990～1992年頃、MATエアフォイル社が1988～1989年頃にそれぞれ撤退した。

現在、LMグラスファイバー社はブレードの世界的な先端企業となっており、多くのメーカーのサプライヤーとなっている。なお、LMグラスファイバー社は、2001年3月にイギリスの投資会社ドーティ・ハンソン社（Doughty Hanson & Co）に買収されている。

上記以外には、ドイツのアーベキング＆ラスムセン社（Abeking & Rasmussen）やNOIロトアテヒニク社（NOI Rotortechnik）などがあるし、また最近ブレード市場に参入した企業としてはノルウェーの多角企業ウモ社（Umoe Group）があり、同社は、組立メーカーとしては新しいドイツのリパワー・ジステムズ社にブレードを提供している。

❷ そのほかの部品のサプライヤー

デンマークの調査会社「BTMコンサルト（BTM Consulto ApS）」の資料（BTM［2003］）によると、ギアボックスのメーカーとして名高いのはドイツのヴィンナギ社（Winergy AG）である。同社は、A.フリードリッヒ・フレンダー社（A.Friedr. Flender GmbH）の100%子会社で、風力発電機用のギアボ

ックスの世界シェア40％をもっている[6]。また、ドイツのイヤーネル・ケスターマン・ゲトリーブヴェルク社（Jahnel Kestermann Getriebewerke GmbH & Co.K.G.）もギアボックスの専門メーカーとして名高い[7]。それ以外には、メツォ・ドライブ・テヒノロギー社（Metso Drive Technology [元 Santasalo]）やベルギーのハンセン・トランスミッション社（Hansen Transmission）などがある

風力発電で使われる発電機のメーカーとしては、多国籍重電エンジニアリング会社のABB社が最も名高い[8]。そのほかではオーストリアのエリン社（Elin EBG Motoren GmbH）、ドイツのシーメンス社（Siemens）やヴェイア・エレクトロモトレンヴェルク社（Weier Elektromotrenwerk GmbH）など、そしてギアボックスのメーカーとしても紹介したヴィンナギ社などがある。

4 最近の技術的特徴

（1）風力発電機の大型化

風力発電機の歴史は大型化の歴史である、と言ってもいいだろう。図1－8は、1981年から2002年までの風車の出力、ローター径、タワーの高さの推移を、ヴェスタス社の場合について見たものである。1981年には、ローター径が15～16メートル、そして22メートルのタワーで出力が55kWであったのが、2002年にはローター径が90メートル、タワーの高さが100メートル以上という巨大な構築物になり、出力も3MWと約36倍と驚異的な大型化をしている。このように風力発電機は、1MWから「マルチ・メガ・ワット時代」に突入したと言われている。

メガワットクラスの風力発電機が建てられたのは決して最近のことではない。風力発電の初期に、各国の主に政府主導で進められていた風力発電機開発プロ

図1－8　風力発電機の大型化

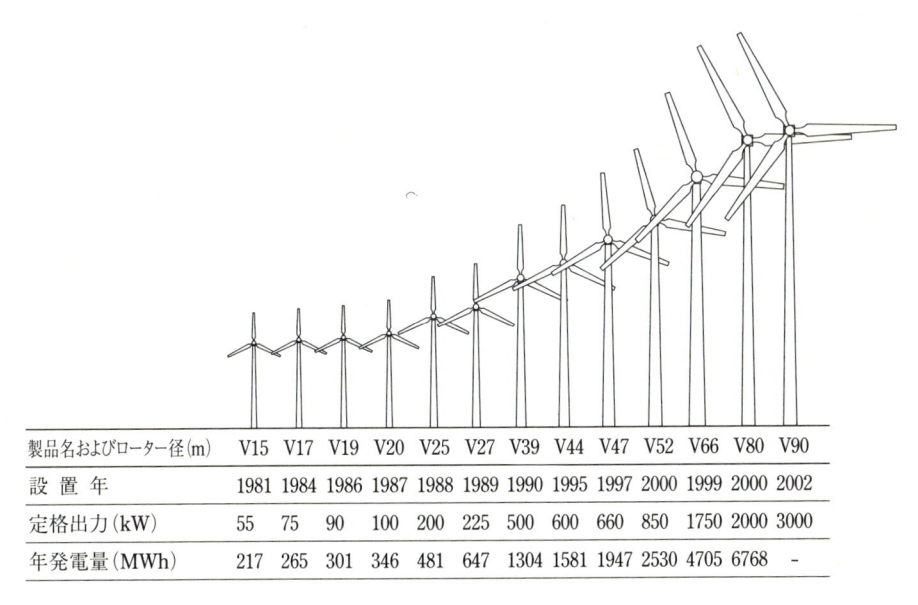

製品名およびローター径(m)	V15	V17	V19	V20	V25	V27	V39	V44	V47	V52	V66	V80	V90
設 置 年	1981	1984	1986	1987	1988	1989	1990	1995	1997	2000	1999	2000	2002
定格出力(kW)	55	75	90	100	200	225	500	600	660	850	1750	2000	3000
年発電量(MWh)	217	265	301	346	481	647	1304	1581	1947	2530	4705	6768	-

出所：ヴェスタス社の資料より。

ジェクトの多くは、出力1MW以上の超大型機であった。

　例えば、長年にわたり大型風車の研究を続けていたアメリカ人のエンジニア、パーマー・コスレット・パットナム（Palmer C. Putnam）が、ペンシルバニア州の水力発電機メーカー、S.モーガン・スミス社（S. Morgan Smith Company）の支援でアメリカ合衆国北東部のバーモント州で1941年に建てた「スミス・パットナム風車」は1.25MWであった。さらに遡ると、ドイツの有名な鉄塔建築家ヘルマン・ホンネフ（Hermann Honnef、1878～？）が1932年に出版した

---

(6) "WindEnergy in Hamburg Established Straight Away as Leading International Fair in the Industry", DEWI Magazine Nr.21 August 2002, p.39.（DEWIのホームページより）。同社については http://www.flender.com/ を参照。
(7) 同社は2002年12月に Jahnel Kestermann Getriebewerke Bochum GmbH から現在の社名に変わった。
(8) ABB社は、1988年にスウェーデンのアセア社と、スイスのブラウン・ボベリ社が合併して誕生した。

『Windkraftwerk（風力発電）』という書物では、高さ数百メートルの鉄塔の上にローター径が100メートル以上という巨大な風車をいくつもつけた、出力100MWというとてつもない規模の風力発電機を提案している。

ホンネフの構想では、この風力発電機をドイツ各地に建設し、ドイツを石油に依存しない国にするということであった。この計画は、当時のナチス政府からも大きな関心をもって迎えられたが、ご存じの通り実現しなかった。

それ以外にも、ドイツでは、戦後になってからも大型機の開発プロジェクトが提案された。著名な風力発電機の研究者であるウルリッヒ・ヒュッター教授（Prof.Ulrich Hütter、1910～1989）が指導して建設されたのが、1981年に建てられた「グロヴィアン（Growian）」と名付けられたローター径100メートル、出力3MWという大型機であった。これは、1987年までの6年間の総運転時間がわずか420時間でしかなく、ほとんど予定通りに動くことなく終了してしまった。

これら大型実験機の数多い失敗[9]の後、1980年代初めからの商業用風力発電機の量産時代になると規模がずっと小さくなり、先ほど見たように100kW以下からのスタートとなった。図1-8からもわかるように、次第に大型化してゆき、1MWクラスの商用発電機の開発および試作が行われたのが1995年から1996年の時期であった。そして、2000年前後にローター径が90メートル以上になる2.5MWクラスの開発が始まり、マルチ・メガ・ワット時代に突入したわけである。

2002年末の時点で実際に建てられている試作機の中で最も大きいのはエネルコン社の「E112」と呼ばれる機種で、出力は4.5MWとなっている。そのほかの各社もマルチ・メガ・ワット機の試作に取り組んでおり、ヴェスタス社は「V90」という3MW機を、GEウインド社は「3.6S」と呼ばれる3.6MW機を、NEGミーコン社も「NM92/2750」というモデル名の2.75MW機を開発している。

このような大型機が求められる背景としては、電力会社が風力発電所の開設に関心をより強く抱き始めたということが挙げられる。というのは、火力や原子力といった従来型のエネルギーの発電所はその多くが数百MWという大規

模発電所であるため、各社とも風力発電所にも規模の大きさを求めているからだ。そのようなニーズに応えるためには、当然、大型機の開発が不可欠となる。また、電力会社がかかわることから風力の開発プロジェクトが大型化しているとも言える。そして、典型的な大型の風力開発プロジェクトとして挙げられるのは、オフショア（洋上）の風力発電所である。立地環境からして、海上に建てる風車としては大型機が望まれるのである。

　一貫して大型化の途を歩んできた商業用の風力発電機であるが、その大型化にもある程度のところで限界が訪れると思われる。なぜならば、ローター径が何倍かになると表面積はその2乗倍、体積はその3乗倍になるという「2乗3乗の法則」と呼ばれる問題が出てくるからだ。つまり、この問題が示すように、大型化することによって重量はサイズ以上に大きくなり、構造上において様々な難問を引き起こすことになる。また、大型化に伴って、発電機を回転させるドライブシャフトを支える軸受けベアリングなどの風車本体を構成する部品の品質向上も必要となってくる。その上、重量増加の対策としてより軽い素材の開発も必要になる。

　これだけではない。このような技術的問題とは別に、大型化することによって輸送という新しい問題も出てくる。例えば、2003年現在で最大といわれるエネルコン社の4.5MW機のナセルとブレードをあわせた重量は500トンにも達する。このような重量物を、道路上運ぶのは大変困難である。また、ブレードが長くなると道路を曲がることさえ困難になるという問題も発生してくる。

　とりわけ、わが国では山間部に風力発電所が建てられることが多く、ナセルやブレードを運ぶのには苦労が伴っているようである。わが国初のメガワット機を多数配置した北海道の苫前町（とままえ）では、陸揚げした留萌港から苫前町までの間にあるいくつかのトンネルを通ることができず、床の低い専用トレーラーをわざわざ製作したという。このようなことから大型化にも一定の限界があると思われるが、現時点ではそれがどのレベルであるのかはまだわからない。

　大型化に関連するもう一つの変化は、新しい技術的なコンセプトをもった機

---

(9)　すべての大型機が失敗したわけではなく、スウェーデンの3MW機「Maglarp WTS-3」のように延べ26,000時間運転し、34GWhという発電実績を残した発電機もあった。

種が登場してきていることである。1MW以下の発電機の時代には、伝統的なデンマーク・コンセプトの風車が主流を占めていた。「デンマーク・コンセプト」とは、ヨハネス・ユールのゲッサー（Gedser）風車で確立した、3枚翼、ストール制御、ティップブレーキという保守的な設計思想のものである（80ページからを参照）。保守的であるがゆえに堅牢で、ほかの国のいわゆる先進的な設計思想の風車に打ち勝ってきた。しかし、メガワットクラスになってより微妙な制御が求められるようになり、新しい設計思想に基づく風車が増えてきている。

　まず、ブレードの捻れ角度を固定し、ブレードの断面形状によってコントロールする「ストール制御」から、風速によって捻れ角を変化させる「ピッチ制御」を取り入れる風車が増えてきた。デンマークのメーカーでは、従来からピッチ制御を採用していたヴェスタス社だけでなく、NEGミーコン社やボーナス・エナギー社もピッチ制御の考え方を導入するようになってきた。そのほか、ハブの回転速度をギアによって増速するという伝統的な設計から、増速ギアを用いない「ギアレス方式」の風車も増えてきている。発電機については、従来、丈夫で構造もシンプルな「誘導発電機」を使うことが多かったが、最近は、より複雑な構造であるが高い効率性をもつ「同期発電機」も使われるようになってきた。

（2）プロジェクトの大型化とオフショア

　電力会社による風力発電への積極的な参加によって、発電所のプロジェクトが大規模化する傾向にある。風力発電に早くから取り組んだデンマークでは、従来は個人所有や協同組合所有による規模の比較的小さい風力発電所が多かった。しかし、近年、次第に電力会社所有の風力発電所が増えてきている。電力会社が行う場合は、投資能力が高いためにコスト面で有利となる大規模な発電設備を好むことになる。しかし、デンマークのように風力発電機が全国的に拡がっているような国では、大規模なウインドファームを建設する用地に事欠くという問題も出てきた。そこで、その用地として近年浮上してきたのが、陸か

ら少し離れた沖合、すなわちオフショアに建設するウインドファームである。

ホーンス・レウ・ウインドファーム

海上に風車を設置する試みは1980年代からなされてきた。しかしこの頃は、本格的なオフショア風力発電所というよりデータ収集のための施設という性格が強かった。本格的なオフショア風力発電

（写真提供：Elsam A/S）

所としては、1990年、スウェーデンのノエスンド（Nogersund）にウインド・ワールド社（Wind World）製の220kW機が1基設置されたのが世界で最初であった。続いて翌年の1991年に、デンマークの電力会社SEAS社がヴィネビュ（Vindeby）にボーナス・エナギー社製の450kW機を11基設置している。

　その後、メガワットクラスの発電機を多数設置した最初のオフショア・ウインドファームとして世界の注目を浴びたのが、コペンハーゲン市の沖に建設された「ミズルグロネン（Middelgrunden）」である（本書カバー表1を参照）。このウインドファームにはボーナス・エナギー社の2MW機20基が弧状に並べられており、大都市に近いということを考慮して景観という面においても工夫されている。所有形態も、半数が地元コペンハーゲン市民をメンバーとした都市型の協同組合というユニークな組織であり、この面からも注目が集まった。世界各地から視察団が訪れ、わが国でも様々な文献で紹介されている。

　さらに大規模なオフショア・ウインドファームが、2002年12月に稼働を開始した。デンマークのホーンス・レウ（Horns Rev）というユトランド半島西部の洋上に、ヴェスタス社製の2MW機を80基設置した総計160MWという火力発電所にも匹敵する世界最大の風力発電所が完成している。デンマークではこの後も、ボーナス・エナギー社製の2.2MW機を72基設置するニュステッド（Nysted）・ウインドファームも建設されており、2003年7月には72本目の風車がすでに建てられている。

（3）日本の大規模発電所

　近年、わが国でも風力発電への関心が高まり、各地に風力発電所が建設されている。第1節でも述べたように、中でも北海道は九州・沖縄と並んで風力発電が活発な地域である。新エネルギー・産業技術総合開発機構（NEDO、184ページから参照）が発表している資料によると、2002年9月現在、北海道には187基の風力発電機が稼働している。しかし、その大部分は、風車が1基ないし2基という小規模なものであった。そんな中で、北海道北部の日本海沿岸の町である苫前町に建設された風力発電所は、わが国初のウインドファームと言ってもよい規模をもつだけでなく、その大部分が1MW以上の大型機で、世界的にも大規模な発電量の風力発電所として注目されている[10]。

　苫前町には、現在2ヶ所の風力発電所がある。一つは町営の「夕陽丘ウインドファーム」で、もう一つは民間企業による「上平グリーンヒルウインドファーム」である。町営ウインドファームは海岸近くにあり、ドイツのノルデックス社製の風車3基（600kWが2基、1,000kWが1基）からなっている[11]。一方、「上平グリーンヒルウインドファーム」は、二つの民間企業によって運営されている。一つは総合商社トーメンが設立した「トーメンパワー苫前」（現在は、ユーラスエナジー苫前）で、もう一社は電源開発[12]が主となってオリックス、カナモト、苫前町が出資する「（株）ドリームアップ苫前」である。トーメンパワー苫前は、デンマークのボーナス・エナギー社製の1,000kW機を20基建設し、1999年10月より稼動している。ドリームアップ苫前は、デンマークのヴェスタス社製の1,650kW機を14基とドイツのエネルコン社製の1,500kW機を5基設置し、2000年12月から運転を開始した。特に「上平グリーンヒルウインドファーム」は、総出力50MWを超える世界でも有数の大規模風力発電所である。

　以下で、設置に至る経緯や営業内容、そして地域にもたらす利益などについて少し述べておこう。

❶風力発電所設置の経緯

　苫前町は、先にも述べたように北海道北部の日本海沿岸にある町で、留萌の北約60kmに位置している。人口は約4,600人である。明治以降、主に青森県、秋田県からの移住者によってニシン漁業の町として開拓されてきたが、近年はその漁業の生産高も減少傾向にある。

　日本海沿岸の町に共通する特徴として強い北西風が吹き、特に冬季には「地吹雪」と呼ばれている強風が吹き荒れる。この強風を活用しようということで、風力発電に取り組むこととなった。そして、1995年より1997年まで、実際にどのような風が吹いているのか風況調査を実施した。大型の風力発電所に関しては国内にデータや経験がないため、1996年と1997年にはヨーロッパに調査団も派遣している。

　苫前町でこれだけ大規模な風力発電所を設置することができた背景には、三つの要素があった。最も重要なのは言うまでもなく風である。もう一つは、用

上平グリーンヒルウインドファーム（ユーラスエナジー苫前）
写真提供：苫前町

⑽　筆者は2000年7月に苫前町を訪ね、町役場と苫前ウィンビラ発電所を訪問調査した。ここで挙げられている数値は訪問当時のものである。
⑾　われわれの訪問時には、まだ1,000kW機は建設されていなかった。
⑿　電源開発株式会社は、1952年9月に電源開発促進法に基づいて設立された特殊法人であった。2003年6月に電源開発促進法が廃止されたため、現在は民間会社となっている。

地とアクセス道路である。わが国では、風力発電所は海岸沿いの高台の上に建てられていることが多い。このような立地では、巨大な風力発電設備や建設機材を運ぶためのアクセス道路を新たに建設せねばならず、これが大きなコストとなることが常であった。「上平グリーンヒルウインドファーム」の位置する所はもともと牧草地であり、そこに旧道があったために新たな道路建設は不要であった。

そして第三の要因は、系統接続するための送電線の問題である。これについても、わが国では新たに送電線を引くケースが多いわけだが、「上平グリーンヒルウインドファーム」の場合、すでに用地内に高圧線が通っていた。というのも、苫前町の北には羽幌町があり、以前、そこには大規模な炭鉱があった。そして、そこへの送電のための高圧線が用地内を通っていたのである。

このような立地条件の良さが、大規模な風力発電所を誘致するための大きな要因となったのである。

❷補助金および売電価格

それでは、設置にあたっての補助金や発電した電力はどうなっているのだろうか。

事前の風況調査については、「夕陽丘ウインドファーム」の場合は通産省（現、経済産業省）の支援を受け、「上平グリーンヒルウインドファーム」のケースではNEDOの支援を受けている。また、発電設備の建設については、自治体に対しては50％、民間事業者には3分の1の補助が同じくNEDOから出ている。町営の夕陽丘ウインドファームの場合、残りの50％は起債によって賄った。また、トーメンのプロジェクトでは、45億円のプロジェクト総額に対して10億円の補助を受けているという。

そして、発電した電力の売電価格は、風力発電所の採算性を評価する上において大変重要な要因となる。北海道電力の場合、1992年より買電メニューが載っていたが、1998年4月より具体的な風力単価メニューが公表されている。それによると、7,000ボルト以下の高圧電力の場合は1kWh当たり11.95円、7,000ボルトを超える特別高圧電力の場合は1kWh当たり11.60円となっている。夕

陽丘ウインドファームについては、計画では5,300万円の売電収入があり、経費を2,000万円として毎年約3,000万円を償還し、12年で償還が完了するということになっている。

そのほかのコスト要因としては、航空法の規制をクリアするための航空障害塔を建てねばならないという問題がある。また、農地転用という問題については、建設場所が放牧地であるため塔の部分のみが転用され、残りの用地は建設作業終了後には放牧地に戻されている。転用された面積の割合は、「上平グリーンヒルウインドファーム」の場合で約0.2%とごくわずかで、環境保護という面においても配慮がなされている。

❸自治体にとってのメリット

このような世界的にも大規模な風力発電所を誘致するということは、沈滞気味の農漁村地域であった苫前町に様々なメリットをもたらすことになると期待されている。風力発電も基本的には企業誘致の一つのタイプであり、トーメンパワー苫前の場合は45億円、ドリームアップ苫前の場合は60億円の投資額の誘致ということになった。

直接的に期待されるのは、当然のことながら税収の増加である。まず、現地企業は法人税を町に支払うことになる。また同時に、固定資産税も支払われる。両社とも17年の償却であるが、17年間の固定資産税の総額はトーメンパワー苫前で2億6,000万円、ドリームアップ苫前で3億5,000万円である。ただし、増収分の75%は固定資産税が減額されるので、正味は25%だけということになる。

観光面での期待も大きい。大規模な風力発電所をもつことから苫前町は「風車の町」として全国にアピールして、観光客の誘致にも努めており、風車に関連した土産物などもつくって町のイメージアップに一丸となって動いている。

第2章
風力エネルギー利用の歴史

オランダ・ライデンのキューケンホフ公園にあるオランダ型風車

1 ミル（製粉機）と風

　ヨーロッパの北部は、常に穏やかな偏西風が吹くという地理的な特徴もあって古くから風力エネルギーを利用してきた。用途は幅広く、灌漑、製粉、製材など様々であったが、中でも製粉には古くから風車が使われてきた。風車を意味する「Wind mill」という語は、「製粉機＝Mill」から生まれた言葉である。そして、どんなエネルギー源を使うかによって様々なミルがあった。水力エネルギーを使う場合には「水車（water mill）」、馬に曳かせる場合には「ホースミル（horse mill）」、そして風の力を利用するのが「風車（wind mill）」である。

　製粉機のエネルギー源としては、むしろ水力が一般的であったともいわれている。水車には、水がかかる位置によって「上掛け式」、「中掛け式」、「下掛け式」の三つがある。水車の用途も多様で、脱穀・製粉以外にも、製紙や油搾り、製材にも使われていたという。地理的条件や気象に応じて水車と風車が補完しながらミルとして使われてきたわけで、それでも不十分な場合にホースミルが利用された。

ホースミル

出所：Wall［2003］p.43。

第2章 風力エネルギー利用の歴史 53

風の力を生活に利用しようとする試みがいつ頃から始まったのかについては、諸説あり定かではない。紀元前3000年前の中国の出土品に風車が描かれているという説もある[1]し、またバビロニアのハムラビ王朝[2]では**図2-1**のような垂直軸の風車が灌漑のために使われていたという記録もある[3]。また、アメリカの風力発電機の研究者であるポール・ガイプ氏（Paul Gipe）によると、ほぼ同じ形式の風車が700年頃のペルシャ（現在のイラン）で使われていた[4]。

図2-1 ペルシャの垂直軸風車

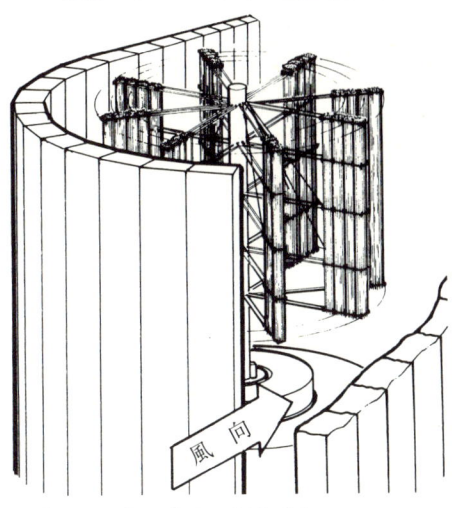

出所：Gipe［1995］P.119 Fig.5.1

図2-1が示すように、その頃に中東で用いられていた風車は現代のダリウス型風車と同じように、垂直軸に羽根がついているという構造であった。このような構造は、風がどの向きから吹いてきても風車が回転するという長所をもつ一方で、ブレード（翼）の半分は風のエネルギーを受け取ることができず、効率性が低いという欠点もあった。内外の水車や風車の研究で知られる関西大学名誉教授の末尾至行氏の調査によると、中近東では最近までこれらの風車が実際に使われていたという[5]。

---

(1) http://is2.dal.ca/~malkhali/history.htm
(2) （Hammurapi）紀元前18世紀頃のバビロン第1王朝第6代の王。バビロニアの黄金時代を築き、ハムラビ法典の発布者として有名。征服地に総督を置き、中央集権化を推進し、灌漑・運河建設などを大規模に行った。
(3) http://is2.dal.ca/~malkhali/history.htm
(4) Gipe［1995］pp.118-119。
(5) 末尾至行［1999］。

2 オランダにおける風車の発達

(1) オランダの風車

　風車といえばオランダ、とすぐに連想される方が多いだろう。風車はヨーロッパの多くの国々で使われていたが、やはり、何といっても風車が最もよく使われていたのはオランダである。チューリップと並んで風車は、オランダの風物詩ともなっている。その風車は、19世紀にはオランダ全土で9,000基もあったという。特に、風車を利用した食品加工、製紙、製材が活発であったザーン (Zaan) 地区だけで900基の風車が活躍していた。

　ヨーロッパに風車が入ってきたのがいつ頃であるのかは定かではない。帆布型の風車は、中東に遠征していた十字軍の帰還に伴って、中東から地中海地域のヨーロッパにかなり早くから入ってきていたようである[6]。スペインの作家セルバンテス (1547〜1616) の小説で、ドン・キホーテが怪物と間違えて挑戦するのはこのタイプの風車だと考えられている。

　記録に残っているところでは、すでに1180年に、フランス北部のノルマンディー地方で使われていたという。その後、1191年にイギリス南部へ、1190年にはフランダース (ベルギー北部)、1222年にドイツ、1259年にデンマークへと拡がり、14世紀にはポーランドにまで伝わったという[7]。

　このように、ヨーロッパの各国で風車が使われてきたわけだが、オランダでその技術が進歩していったと言ってよいだろう。オランダに風車が伝わったのは12世紀と考えられている。その当時の用途は、やはり穀物の製粉であった。製粉用の石臼を回転させる動力として風の力を利用したのである。先にも述べたように、粉ひきには人力や牛、馬といった家畜の力が利用された時代もあったが、大きなエネルギーをもつ水力による水車と、風のエネルギーを利用した

風車が主流となっていった。風車のエネルギーはかなり大きく、標準的な風車の出力は45馬力にもなる[8]。

実は、オランダでの風車の利用目的として最も多いのは排水である。もともと標高の低い土地の多いオランダでは、排水作業は国土を守るための重要な課題であった。また、湿地帯や池、湖を干拓して国土としていた背景があるため、排水とは切っても切れない関係があった。「地球は神が創ったが、オランダはオランダ人がつくった」と、いわれる所以でもある。

オランダに初めて排水用の風車が登場したのは1414年のことであったという[9]。しかし、オランダでは風車の用途は製粉や排水に限られたものではなかった。1579年、いくつかの県が「オランダ連合」と呼ばれる連合組織を結成した。このオランダ連合は1602年に「東インド会社」[10]を設立し、アジアとの貿易を開始する。オランダはインドネシアのバタビア（現在のジャカルタ）を拠点として様々な産物をヨーロッパへ運んだわけだが、そのような産物を加工する際に風車が利用されたのである。そのため、ココア風車（cocoa mill）、嗅ぎタバコ風車（snuff mill）、胡椒風車（pepper mill）、油搾り風車（oil mill）、辛子風車（pepper mill）、染料風車（dye mill）、チョーク風車（chalk mill）、セメントの原材料をつくる石灰・火山灰風車（lime and trass mill,）、縮絨風車（fulling mill、毛織物を密にする）、鞣し風車（tan mill）などのように多種多様な分野にその使途は広がっていった。

17世紀は、オランダにとって「黄金時代」といわれる繁栄を誇った時代である。住宅や貿易のための船に使われる木材需要が増加したため、製材用の「パルトロック（Paltrok）」と呼ばれる専用の風車も開発された。また、印刷技術

---

(6) 平田［1976］では、ヨーロッパの風車は独自の発達経過をもち、中東の風車とは系統が異なるのではないかと述べている（pp.178-179）。
(7) Gipe［1995］p.118。
(8) オランダの風車守への筆者による聞き取り。
(9) Stokhuyzen［1962］。
(10) 東インド会社（East India Company）。17～19世紀に、喜望峰以東のアジア地域を対象に貿易を独占して莫大な利益を上げた特権会社。ヨーロッパ諸国で設立されたが、イギリスとオランダの活躍が顕著であった。扱った商品には、アジア特産の香辛料、茶、陶磁器、絹、綿布などがある。

の普及によって紙の需要が増すこととなり、製紙用の風車も建てられた。これらの産業用の風車は、前述したようにザーン地区に多く、今もザーン川のほとりには多くの風車が残っている。

（２）排水ミル[11]

　オランダで排水が行われるようになったのは西暦1000年頃であったという。特に、排水作業が重要となったのは、1400年代に入って人口の集まった町（都市）が形成されるようになってからである。この頃より堤防が築かれるようになり、外海とは切り離された池や湖が多くでき、ここからの排水が大変重要な問題となった。というのは、洪水でしばしば町が流されてしまい、そのたびに多くの人々が犠牲になったからである。特に悲惨であったのは、1421年11月18日から19日にかけて発生した「セント・エリザベス洪水（St.Elizabeth Flood）」である。この大洪水によって72もの町が一夜にして流出し、何千人にも上る人や家畜が亡くなったという。

　排水目的の風車は、最初、「ポスト・ミル」と呼ばれる小型の風車であった。その後、排水を主な目的として進化した「ウィップ・ミル（中空ポスト・ミル）」と呼ばれるタイプが登場した。ポスト・ミルやウィップ・ミルは、風向きにあわせて風車の建物全体が回転していた。当然、重量のある風車小屋全体を回すためには大き

富山県砺波市にあるチューリップ四季彩館にある、オランダ製の中空ポスト・ミル
写真提供：（財）砺波市花と緑の財団

な力が必要であった。また、建物全体が動くという構造から大きさには制約があり、それ以上の大型化は困難であった。

　そこで、1526年、一番上の「キャップ」と呼ばれる部分のみが回転する「スモック・ミル」というタイプが登場した。そして、キャップの回転を調整するウィンチがついた尾のような棒、つまり「テイル・ポール」がつくようになったのは同じ16世紀の後半のことである。これが、現在写真などで最もよく見かけるオランダ型風車である（本章の扉写真参照）。

　17世紀に入って、オランダ人の水との闘いはいっそう激しくなる。そして、それがゆえに風車の技術革新も進んだ。この時期、オランダ風車の発展史において重要な2人の人物が登場する。1人は、流体静力学の基礎を築いたことで著名であるシモン・ステビン（Simon Stevin）である[12]。彼はまた複利計算表の作成でも有名であり、その表を構造計算にも応用している。特筆すべきことは、時の権力者マウリッツ・ファン・ナッサウ（Maurits van Nassau）[13]の顧問として、またオランダの水陸営繕最高監督官として、オランダ最古の国立大学であるライデン大学（Rijksuniversiteit te Leiden）に「築城エンジニアリング・スクール」を設置する進言を行っていることだ。その関係で排水用の風車にも関心が深く、いくつもの特許をもっていた。そして、マウリッツ王とともにスヘーベニンゲン（Scheveningen）からペテン（Petten）までの海岸線を、風力馬車と砂上ヨットで踏破して調査をした。

　シモン・ステビンの後継者ともいうべき人物が、ヤン・アンドリアヌズ・レーフワーテル（Jan Ardriaanszoon Leeghwater、1575～1650）である。レーフワーテルは、オランダ北部の町であるデ・レイプ（De Rijp）に生まれ、もともとは大工および風車大工であった。その後、生まれながらの才能が開花して様々なものを発明し、エンジニア、建築家として全土に名前を知られるようになる。そして、水力のエンジニア、堤防の専門家として後生に名を残すことに

---

[11] この節は Stokhuyzen [1962] によっている。
[12] オランダ語の地名・人名などのカタカナ表記は、オランダ総領事館文化担当官ヨルン・ボクホベン（Jeroen Bokhoven）氏の御指導をいただいた。
[13] 80年戦争の中心人物、ウィレム1世（沈黙公）の二男。英語表記では「プリンス・モーリス」と呼ばれている。

シモン・ステビン（左）とレーフワーテルの肖像画

出所：http://www.hepl/phys.nagoya-u.
ac.jp/~ohshima.nagoya/
d03-html/d1/d03-1.htm

出所：http://www.houtenhuis.nl/
subcollectie.cfm?nr=6

なり、いくつもの干拓にかかわった。

　このような国家的な大事業に携わるようになったきっかけは、シモン・ステビンもいる席でマウリッツ・ファン・ナッサウに講義をする機会を得たことである。その講義に感心したマウリッツは、さっそくレーフワーテルにシモン・ステビンの助手になるよう命じた。その後、レーフワーテル自身がマウリッツの顧問となり、さらにフレデリク＝ヘンドリク・ファン・ナッサウ（Fredik Hendrik van Nassau）[14]の顧問となった。特に活躍したのは、スペインとの80年戦争（1568～1648）[15]においてスペインが浸水作戦をとったのに対して、レーフワーテルがホースミルと風車を使って排水に成功したことである。

　排水の専門家として名声を挙げたレーフワーテルは、オランダにあるいくつもの干拓地を手がけることになる。彼が干拓した主要な所は次のような地区である。まず、1621年にベームステル（Beemster）、1622年にプルメル（Purmer）、1626年にウォルメル（Wormer）、1631年にヘールヒューゴワールド（Heerhugowaard）、1633年にスヘルメル（Schermer）、1643年にスタルンメール（Starnmeer）といった具合である。中でも、ベームステルは大工事であった。ここは、1608年から1612年にかけて干拓が行われ、深さ3メートルであった湖を26台の風車を使って干拓した。しかし、ザウデレゼー（Zuiderzee）堤

防が決壊し、せっかく干拓された土地は再び水没してしまった。そこで、ホランド州と西フリースランド州は、レーフワーテルの指導で再び干拓に挑戦することを許した。

　レーフワーテルの計画は、全体を14の地区に分割し、それぞれの地区に排水用の風車を建ててそこから汲み上げた水を池に蓄えた。そして、その池から三つの風車を連ねて水を運河まで排水しようという計画であった。全部で51台の風車を使い、その処理能力は、毎分1,000m³の水を汲み上げるという高性能なものであった。結局、4年の歳月をかけてベームステルは再度干拓地として蘇ったのである。

　レーフワーテルの名を今日まで残しているのはハーレメルメール（Haarlemmermeer）の干拓である。ハーレメルメールは、オランダの空の玄関口であるスキポール空港のあたりである。

　14世紀頃から、このあたりには「ハーレメルメール」という大きな湖が広がっていた。この湖は次第に大きくなり、周辺のアムステルダムなどの都市に被害を及ぼす危険性までが出てきた。そこでレーフワーテルは、この湖の干拓計画を立てた。彼の計画は、深さ約4メートルのハーレメルメールを160基の風車を使って干拓しようというものであった。彼はこの計画を書物にまとめ、1643年に『ハーレメルメールブック（het Haarlemmeerboeck）』という書名で刊行した。この本はロングセラーとなり、18世紀、19世紀にも版を重ね、最終的には17版まで刊行された。しかし、ハーレメルメールが実際に干拓されたのはずっと後の1848年で、実際は風車ではなくて蒸気エンジンが使われた。

（3）オランダ風車の種類

　排水において大活躍した風車だが、もちろんいろいろなタイプがある。風車には、形状で分類する方法と、使用目的で分類する方法という二つ分類の仕方があるが、この二つの分類方法はまったく無縁ではなく、使用目的あるいは機

---
(14)　ウィレム1世の三男。マウリッツの後を継いで、80年戦争を指導した。
(15)　当時オランダはスペインの属領で、スペインからの独立をめざして行われた戦争。

能と形状は関連している場合が多い。以下に、三つの方の風車を取り上げ、それぞれの特徴などを簡単に述べていきたい。

ポスト・ミル（イギリス型風車）

❶ポスト・ミル（イギリス型風車）

オランダあるいはイギリス、デンマークなど、北部ヨーロッパの風車では最も古いタイプである。「イギリス型風車」という場合もあるが、オランダでは「標準風車（standaardmolen）」と呼ばれている。

ここでいう「ポスト」とは「支柱」という意味である。構造は、下部の「ポスト」と呼ばれる支柱部分と、その上に乗る四角い家のような形をした風車小屋に分かれている。下部構造は木材を四角錐の形状に組み、その真ん中にポストを立てる。ポストの上に乗った風車小屋に羽根がついている。特徴は、羽根を風の向きにあわせるのに、支柱の上に乗った風車小屋全体が回るという点である。先にも少し述べたが、小屋全体が回転するため大型化には限界がある。用途は穀物の粉挽きがほとんどで、現在、オランダに残っているものは40基以下だと言われている。

❷中空ポスト・ミル（Hollow Post Mill）

ポスト・ミルが進化して排水用に改良されたのが、「中空ポスト・ミル」というタイプである。オランダでは「ウィップモル（Wipmol）」と呼ばれている。

中空ポストというのは、支柱（ポスト）が筒状になっていることを指している。ポストの真ん中の中空部分に風車の動力を翼から伝える垂直シャフトが通っており、そのシャフトが排水用の水車を回転させるのである。外観的には、56ページの写真のように下部構造の部分が大きくなってカバーに覆われている。

逆に、上部の風車小屋部分はポスト・ミルより小さくなっている。用途は、ほとんどすべてが排水用である。

❸スモック・ミル（オランダ型風車）

われわれが「オランダの風車」と聞いた時に思い浮かべるのがこの型の風車である。形が小さい子どもの洋服である「スモック」に似ていることから「スモック・ミル」と呼ばれるが、「オランダ型」あるいは「キャップ・ワインダー」（オランダ語では bovenkruier）とも呼ばれている。キャップ・ワインダーというのは、風の向きに羽根の正面をあわせるために回転する部分がポスト・ミルのように風車小屋全体ではなくて、頂点の「キャップ」と呼ばれる部分のみが回転するためである。スモック・ミルは、干拓がさかんになり、ますます大型の強力な動力が必要となった16世紀の後半に開発された。

ポスト・ミル、中空ポスト・ミルからスモック・ミルへの変遷を見ると、まず大型化の傾向に気づく。これは、粉挽きから干拓のための排水というように主要な用途が変わることでより強力な風車が必要になったためである。高さも当然高くなり、より好条件の風を利用できるようにもなった。そして、大型化に伴って、風車の下部構造部分と上部構造部分の大きさの比率が変化していった。ポスト・ミルでは、下部構造は支えることのみが目的となっていたが、中

図2－2　風車の変遷

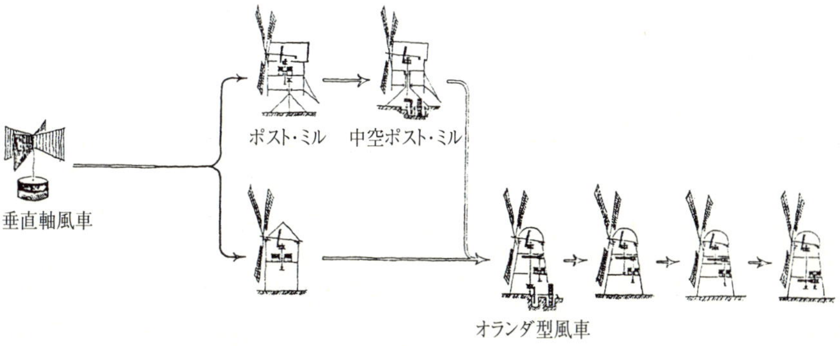

出所：川上［1983c］P.34より転載。
原図はA.Jespersen, Gearing in Watermills, 1953

空ポスト・ミルになると下部構造の部分が大きくなり、逆に上部の風車小屋部分が相対的に小さくなっている。それがさらにスモック・ミルになると、下部構造自身が建物になり、ポスト・ミルでは建物であった上部構造部分が羽根の支えと風向きへ対応するための回転部分となり、「キャップ」と呼ばれるように建物の上の帽子のような形になったわけである。

キャップの回転は、建物の外で行うものと内部で行うものがあるが、典型的なオランダ風車は外部で操作している。キャップの後部から下に「テール・ポール」と呼ばれる棒が下りており、その先にウィンチが装備され、そのハンドルを回転させることによってキャップは回転する。また、キャップ後部からはロープも垂れ下がっているが、これは強風の際に風車の回転を止める、つまりブレーキをかけるためのロープである。

この回転ウィンチやブレーキを操作するのは「風車守（miller）」と呼ばれる専門職である。ちなみに、風車守になるためには、約3年の研修を経て免許

ブレーキを操作する風車守。手前のハンドルが、キャップを回転させるウィンチ（上）

製材用の風車パルトロック（右）

を取得しなければならない。

　形としては、建物部分が木製の場合は八角形をしているものが多いようだが、六角形のものもある。また、レンガ造りの場合には円筒形の建物もあるし、立っている地形によっても区別されている。風通しのよい場所では地面からそのまま風車が立っており、これを「グランド・セイラー（Ground-Sailer）」と言っている。風の条件が悪い所では風車のブレードをより高い位置に置かざるをえないために建物が高くなり、ウィンチを操作するためにバルコニーがついた形式のものもある。ちなみに、小高い丘の上に立てられた風車は「丘上風車（Berg）」あるいは「ベルト風車（Belt Mill）」と呼ばれ、火薬庫などのレンガで造られた塔の上に風車をつけたものは「塔型風車（Tower Mill）」と名付けられた。

　風車が製材にも用いられていたことはすでに述べた。この製材用の風車を「パルトロック」と呼んでいるのだが、これらは住宅や造船のための木材需要の多かったザーン地区において開発された。この風車は、風車の下部に木材を通し、製材するための細長い建物がついているのが特徴である。

3　デンマークにおける風車の発達[16]

　コペンハーゲンから車で約1時間ほどの小さな町ヴィグ（Vig）に、風車大工のジョン・イェンセン（John Jensen）氏の家と工場がある。イェンセン氏は現在50歳代半ばで、代々風車大工の家に生まれた3代目である。2003年9月1日、風車大工になって25周年の記念パーティが開催された。息子さんも修行中で、4代目を継ぐ予定という。

---

[16] デンマークの水車および風車の歴史については、ユトランド半島北東部の町ハズソン（Hadsund）にあるハズソン・イーネス博物館の学芸員リセ・アナセン（Lise Andersen）の "Danmarks Vand-og Vindmøller", http://www.molledag.dk/nollehist/index.htm が詳しい。

COLUMN

ふなばし　アンデルセン公園

　デンマーク王国オーデンセ市と姉妹都市である千葉県船橋市の市営公園。フィールドアスレチックや芝生広場のある「ワンパク王国」と、アンデルセンの活躍した1800年代のデンマークの田園風景を再現した「メルヘンの丘」などがある緑豊かな広さ27.3ヘクタールの大規模公園。

　メルヘンの丘には、デンマーク国内外で初めて複製の許可がされたアンデルセンの像や、イェンセン氏が手がけた風車、アンデルセン童話の読書室やシアターと、初版本など貴重なコレクションが収められた童話館がある。

アンデルセン公園内にあるイェンセン氏がつくった風車
写真提供：新開麻子

《開演時間》AM 9：00〜PM 4：00（7月21日から8月31日まではPM 5：00）
《休園日》月曜日、祝日の翌日
《入園料金》4歳児以上100円、小中学生210円、高校生610円、一般920円
《駐車料金》普通車510円
《問い合わせ先》（財）船橋市公園協会　TEL：047-457-6627
　　　　　　　〒274-0054　船橋市金堀町525

第 2 章　風力エネルギー利用の歴史　65

イェンセン氏のお宅にある風車（右）
イェンセン氏（下）

　イェンセン氏の仕事は伝統的な風車の維持補修が主で、新しい風車の建設はあまりしていないという。日本でも仕事をされたことがあり、船橋市のアンデルセン公園にある風車を建てたのはイェンセン氏である。
　イェンセン氏は単に風車大工という職人であるだけでなく、風車建設の初めから終わりまでのすべての工程を取り仕切っている。風車大工というよりも「風車エンジニア」と呼んだ方が適切かもしれない。また、伝統的な風車の歴史にも詳しく、風車建設の解説書『Moøllepasing（風車の保護）』も1999年に出版している。イェンセン氏の自宅の裏にもちゃんと風車が立っている。以下は、イェンセン氏にうかがったデンマークにおける風車利用の歴史である[17]。

　デンマークでも、風車より先に利用されたのは水力エネルギーで、水車による粉挽き臼（ミル）であった。西暦1000年頃に、当時のヴァイキングがイギリ

[17]　イェンセン氏へのインタビューにあたっては、通訳など田口繁夫氏にお世話になった。

スから技術や技術者をもってきたのが始まりである。水車も、風車の場合と同じように最初は垂直軸であった[18]。その後、現在に見られるような、水車が垂直に立って中心軸が水平になっているタイプが登場した。

先にも述べたように、ヨーロッパで風車が利用されるようになったのは、1200年頃のイギリス南部や、ベルギーのフランドル地方などが最初であった。それから50年ほど経ち、オランダ、北ドイツ、デンマークに風車が導入され始めた。当時の風車は、「ポスト・ミル」（イギリス型）と呼ばれるタイプであった。ちなみに、デンマーク最初の風車はロスキレの大司教が発注したものである。

イギリス型の箱型風車とは、風の向きに対して羽根だけでなく風車小屋全体が回転するタイプである。前節でも述べたように、建物が回転するという構造のため比較的小型となっている。このタイプの風車は、デンマークには11基残っている。

17世紀に入ると、「オランダ式」と呼ばれる風車がデンマークでも建設された。オランダ式というのは、風車の建物の上部にキャップ状の部分があってそこに羽根がつけられている。羽根を風の向きにあわせて回転させるのに、建物全体ではなくこのキャップ部分のみが回転する仕組みとなっている。1620年に国王クリスチャン4世（1577～1648、在位1588～1648）がオランダに発注したものがデンマーク最初のオランダ式風車の建設で、これは製粉とともに菜種油などを絞るのに利用された。その後、1700年代にイギリス式からオランダ式へと風車の中心は移っていった。

デンマークのオランダ型風車には、オランダのスモック・ミルとは異なる特徴がいくつか見受けられる。外観的な部分では、羽根のついているキャップ部分の形状が、オランダではボートをひっくり返したような形になっているのに対して、デンマークではタマネギのようにとがっている点である。デンマークにもボート型のキャップはあったというが、次第にタマネギ型が一般的になっていったという。ボート型とタマネギ型の違いは外観的な好みの問題で、機能上においては大きな違いはないというが、キャップ内部により広い空間が得られるというメリットがある。

機能上の相違では、デンマークの多くの風車には、キャップ後部に風向きに

あわせてキャップを自動的に回転させるための小型の多翼風車(ウインド・ローズ)がついている点が挙げられる。オランダにもこのような多翼風車を備えたものもあるようだが、多くはテールポールによって手動で風向きにあわせて調整するようになっている。

とはいえ、この多翼風車による風向きへの自動調整という仕組みはデンマーク人が開発したものではない。スコットランド人の、アンドリュー・マイクル(Andrew Meikle、1719～1811)が1750年に発明したものである。アンドリュー・マイクルは、スコットランドのイースト・ロシアン(East Lothian)という地域で農業用機械を開発していた父をもち、様々な農業機械・器具を発明した人物として知られている[19]。

マイクルは、キャップの後ろに、主翼と直角となる向きに多翼の小型風車をつけた。風向きが変わるとこの小型風車が回転し、その力がキャップの下に設けられた歯車を動かし、キャップが回転して主翼が風に対して正しく向きを変えるわけだ。そして、向きがあって後ろの小型風車の回転が止まると、キャップも静止するという仕組みになっている。

デンマークには、1780年頃にスコットランドより直接この技術が伝わった。最初は、ブリテン島(イギリス)やオランダに近いユトランド半島南部のシュレスビー地区から始まったと言われている。何故、オランダの風車にこの技術があまり使われなかったのかという理由ははっきりしないが、イェンセン氏によると、オランダではデンマークに比べて風向きの変化があまりなく、一定方向の風が吹くという気候条件があるからだという。そのために、あえて複雑な仕組みである多翼風車によって羽根の向きを自動的に調整する仕組みを導入する必要がなかったのではないかということであった。

現在、デンマークに残されている伝統的な風車の数はおよそ200基であるという[20]。そのほとんどはオランダ型で、イギリス型はコペンハーゲン郊外の町

---

[18] 垂直軸水車については、平田[1976] pp.131-132に平易に説明してある。
[19] アンドリュー・マイクルに関しては、http://www.crystalinks.com/windmills.html や http://www.scottishdocuments.com/content/famousscots.asp?whichscot=71 などのサイトに詳しく紹介されている。

デンマークに残るオランダ型風車
（デンマーク・リングステッド）

であるリュンビュー（Lyngby）にある野外博物館に保存されているものなどがあるだけでとても少ない[21]。またオランダ型も、現在ではほとんど建物が残っているだけで、実際にミルがあるものは非常に少ない。

　イェンセン氏の家の裏にある風車は何と住宅になっており、以前には実際に人が住んでいた。また、ロスキレ（Roskilde）の南西にある小さな町リングステッド（Ringsted）には、今も粉挽きをしている風車が残っている。現在、博物館の一部となっており、中を見学することもできる[22]。そして、そこの売店では、この風車で挽かれた小麦粉を買うこともできる。

4　風車とヨーロッパ社会[23]

　中世のイギリスやオランダでは、風車に対して「風車司法権（milling soke）」という権利が付随していた。これは、当時の荘園領主（manor）の権利の一部であり、その内容は、製粉が風車の建設の許認可、領民に穀物の製粉をする際に他地域の風車を使うことを禁止するというようなものであった。一方、このように強制する代わりに、領民が必要とするだけの製粉能力を用意する義務が荘園領主には定められ、それに応えられない場合には他領の風車を利用することが許されていた。

　また、このような特権に教会が介入することもあった。ローマ教皇ケレステ

ィヌス3世（在位1191〜1198）は、風車を動かす空気（風）は教会のものであり、風車を建てるときには教会の同意がなければならず、また動かすときには10分の1税[24]を納めなければならないとした。

　デンマークでは1862年まで、風車を建てる場合や大型化する時に国王の許可が必要であった。風車で製粉する業者は一種の特権をもっており、そのため風車の新築許可を得ることは大変難しかった。また、イギリスやオランダの場合と同じように、農民は地元の風車で製粉することが義務づけられていた。

　そして、1862年、このような風車への規制は廃止され、国が動いている風車に対して税を課すこととなった。税を払うためには業務を営なまねばならないわけであるが、その営業許可はある程度の人口に対して1台という基準において与えられた。

　税制導入後は、設置の際に理由書を出さねばならなかった。このような新しい制度の導入によって、まるでキノコのように次々と新しく風車が建設された。また、デンマークでは、風車が一種の地域サロンのような役割も果たしていたという。穀物を粉に挽くには時間がかかる。その待ち時間を過ごすために、今でいうパブやバーのような施設も整えられ、そこで農民たちは村の噂話などに花を咲かせていたという。どうやら、日本でいう井戸端会議のような情報交換の場であったようだ。

　しかし、クリスチャン5世（在位1670〜1699）はお触れで「風車での話を信じてはならない」と命じたという。みんなが集まる場所は教会と風車、そして教会は「建前」で風車は「本音」ということで、風車での情報交換の怖さを知っていたのであろう。さらに面白い話として、1800年代まで、風車所有者は外

---

[20]　環境省の調査 Miljøministriet [1993] による。
[21]　Ganshorn [1995] による。
[22]　リングステッド博物館（Ringsted Museum）。住所：Køgevej41, Ringsted、電話：+45 5361 9404、開館時間：11時〜16時（1月を除く）、毎週月曜日は休み。リングステッドにはコペンハーゲンから列車で行くことができる。
[23]　この節は Stokhuyzen [1962]、Ganshorn [1995]、John Jensen 氏へのインタビュー、イギリス風車協会ホームページ（http://servercc.oakton.edu/~wittman/mills/history.htm）によっている。
[24]　教会を維持するために、教区民が農作物の10分の1を納めなければならないとした制度。

国のことを知っている人だからということで高貴な人と考えられていたようである。

　今日の、大型化して電子的に制御されている風力発電機と伝統的な風車の間に技術的な直接の関係がないと思われるかもしれない。しかし、現代のデンマーク風力発電機産業がアメリカの巨大企業との競争に打ち勝った要因の一つは、風という自然のエネルギーを効率的に利用した、風車時代に培われた知識の集積であった。また、デンマーク社会において風力エネルギー利用を社会的に受け入れられた下地は、長い歴史をもつ風車によってつくられたことも間違いのないところであろう。

第3章
デンマークの風力発電技術

リソ国立研究所でテストされる風車

第2章でも見たように、デンマークは、オランダと並んで古くから風車による粉挽きなどで風力エネルギーを利用してきた。また今日では、世界の風力発電機の約半数がデンマーク製となっている。デンマークは、風力発電の世界で最も重要な国の一つとなったわけである。

　さて、日本ではあまり知られていないが、北欧の小国デンマークの経済においては中小企業のウエートがきわめて高い。というより、大企業がきわめて少ないと言った方がよい。同じ北欧の国でも、スウェーデンにおいてはボルボやABB、エリクソンなどの大企業が多いことと比べると非常に対照的である。デンマークにおける、従業員規模別の事業所数および被雇用者数の分布が**表3－1**に示されている。この表が示すように、従業員500人以上の事業所は全事業所数のわずか0.11％にしかすぎない[1]。

　また、デンマーク、特にドイツと地続きになっているユトランド半島西部は、北イタリア、南ドイツと並ぶ中小企業集積地となっており、いわゆる「産業地域」として知られているが[2]、この国の中小企業集積には二つの中心核がある。一つは首都コペンハーゲンのあるシェラン島で、ここには通信、電子、バイオなど先端産業の中小企業が多い。もう一つの中心地が上で述べたユトランド半島で、こちらでは繊維（ヘアニング・イカスト［Herning-Ikast］地域）、家具（サリング［Salling］地域）、食品加工機械製造業（コリング［Kolding］地域）など、伝統的な産業が集積している。

　これら伝統的な産業が集積しているユトランド半島の地域は、1970年代、1980年代にコペンハーゲン周辺などの東部より高い成長を遂げ、工場や労働力の移動が東から西へと起きた。風力発電機メーカーは、すべてこのユトランド半島にある。

表3－1　デンマークの従業員規模別事業所数および被雇用者数の分布

従業員規模	事業所数	被雇用者数
1～4人	69.41％	12.30％
5～49人	27.77％	38.40％
50～99人	1.69％	12.24％
100～199人	0.72％	10.36％
200～499人	0.30％	9.36％
500人～	0.11％	12.53％
不明	－	4.8％

出所：*Statistisk Årbog 1997*, p.329 Tabel349より転載。

第3章 デンマークの風力発電技術　73

　ユトランド半島の西海岸を訪れると、強い北海からの西風のために木々がみんな東に向いて斜めになっているのに気づく。このような気候風土のもとで、今日、世界市場で飛び抜けた市場シェアをもつデンマークの風力発電機産業が育ってきたのである。これら風力発電機をつくるメーカーは、今日、大企業に成長したが、もともとは地元の中小企業であった。そして、第2章で述べたように、風力発電機産業には部品やメンテナンスなど様々な関連事業があるわけだが、それらのほとんどは現在も中小企業として活動している。これら中小企業は、かつては地元の主要産業である農業に関連した機械メーカーであった。土着の鍛冶、鉄工所の伝統的といってもよい技術が、今日の最先端産業へと育っていったのである。

　本章では、ユトランド半島で発生してデンマークの代表的産業となった風力発電機の製造業について、その成長および技術革新のプロセスを伝統的な技術、社会システムとの関連から眺め、伝統技術と新しい技術革新の関連について考えることを目的としている。

1 風力発電のはじまり

（1）ポール・ラ・クールによる世界最初の風力発電

　第2章でも述べたように、風のエネルギーを発電に利用することを最初に考え出したのが誰であるかについてはいくつかの説がある。例えば、スコットランドのグラスゴーでは1887年にJ・ブライス（James Blyth）という人物が垂直軸風車によって3kWの発電をしたとされているし、アメリカ合衆国のクリー

---

(1) デンマークの中小企業の概要については Karnøe, Kristensen and Andersen [1999] を参照されたい。
(2) デンマークの産業地域については Kristensen [1995] が詳しい。

ブラッシュ風車

出所：Shepherd [1998] p.36, Figure1-18。
　　　原図は〈Scientific American〉1890
　　　年12月20号

ブランドではチャールズ・F・ブラッシュ（Charles F.Brush）という人がローター径17メートルで、144枚翼という風車で12kWの発電をして20年間にわたって使われたという[3]。フランスでも、1887年にシャルル・ド・ゴアイヨン（Charles de Goyon）公爵という人物が風力発電に挑戦したが失敗したという記録も残っている[4]。

　このような諸説のある中で、風力発電を実質的に発明したのはデンマークのポール・ラ・クール（Poul La Cour）[5]であると一般的には考えられている。ラ・クールは、気象学者、物理学者として知られていたが、あえて首都コペンハーゲンから遠く離れた片田舎のユトランド半島のアスコウ（Askov）にあるフォルケホイスコーレ（国民高等学校）[6]に1878年に赴任した[7]。

　19世紀の終わり、デンマークにも電気が通じるようになってきたが、それは農村とは無縁の話であった。ラ・クールは、農村が発達するためには電気を通すことが必要であると考えていた。そこで、デンマークに豊かにある風の力を使って発電することが、農村に電気を通す近道であると考えた。そして、ついに1891年、ラ・クールは最初の風力発電機を建てた。それは、鎧戸式の羽根板翼を4枚もつ古典的な風車を直流発電機に接続したものであった。

　ラ・クールは、その後1887年に、風車大工クリスチャン・ソーレンセン

第3章 デンマークの風力発電技術　75

現在のアスコウ・フォルケホイスコーレ

ポール・ラ・クールと彼の最初の発電風車（上）

クリスチャン・ソーレンセンの6枚羽根を備えたラ・クールの発電風車（右上）

通常の4枚羽根に取り替えられた発電風車（右下）

出所：ポール・ラ・クール博物館資料。

（Christian Sørensen）の開発したコーン型（6枚羽根を備えている）より大きなオランダ型風車を建てている。しかし、この6枚羽根は重すぎたため、1900年に普通の4枚翼に取り換えられた。この風車は1928年の火災で焼失してしまったために現在は残っていないが、風車が載っていた建物は現在「ポール・ラ・クール博物館」の展示場として利用されており、内部にはラ・クールの発明した品々や電気技術者養成学校の教室、地下の蓄電池室などが残されている。

ラ・クールの風力発電の特徴は、①出力を安定化するためのメカニカル・デバイス、②電気分解法によって電気エネルギーを水素に保存する、という二点にあった。

COLUMN

ポール・ラ・クール博物館（Poul la Cour Museet）
　　Møllevej 21,　Askov DK6600　Vejen Denmark
　　電話　+45 7536 1036
　　e-mail plc@poullacour.dk
　　HP　www.poullacour.dk

通常は公開していない。見学したいときには、ポール・ラ・クール財団の理事長ピヤーケ・トマセン（Bjarke Thomassen）さんに連絡し、日程について打ち合わせが必要。

ポール・ラ・クール博物館

風力エネルギーの問題点は、風力が一定していないために安定したエネルギーが得にくいという点である。ラ・クールは、風力だけでなく水力や蒸気においても応用可能な「クラトースタット（Klatostat）」と呼ばれる調速装置を発明した。これは、錘、歯車、滑車を使って発電機の回転数を自動的に調整するものである。さらに、強風の場合には翼の風を受ける板の角度が変わるようにも工夫した。これによって、強風を逃がしたり、発電機や羽根が破壊されることを防いだわけである。

　②の水素によるエネルギー保存とは、以下のようなシステムである。発電された電力によって水を電気分解すると、ご存じのように水素と酸素に分かれる。こうして得られた水素を保存して、必要なときに水素ガスランプによって照明するというもので、1895年11月1日に点灯したあと7年間にわたってこのシステムは大きな事故を起こすこともなく稼働したといわれている[8]。ラ・クールは、そのほかにもバッテリーとの接続を制御する「ラ・クール・スイッチ」と呼ばれるものも開発しているし、その後も風力発電の研究を続けて国の補助金まで得ている。

　ラ・クールの風力発電技術の発展への貢献は単に風車の建設にとどまらず、風力発電に関する技術の普及にも大きく貢献した。特に、電気技術者の養成教

---

(3) C・F・ブラッシュについては、Righter［1996］の第2章で詳しく述べられている。
(4) これらは牛山［2002］pp.8～9による。
(5) （1846～1908）「La Cour」という名前はフランス語系の名前で、デンマークでの発音はラ・クーアに近いが、ここでは日本での既存文献にしたがいラ・クールとする。ラ・クールの伝記と発電用風車に関する一連の実験については、Hansen［1981］またはHansen［1985］を参照されたい。なお、デンマーク語の地名、人名のカタカナ表記については大阪外国語大学の田邊欧助教授のご指導を受けた。
(6) デンマークのフォルケホイスコーレは、教育学者グルントヴィ（1783～1872）の提唱による学校で、約3ヶ月間の学習をする。なお、グルントヴィの思想が、デンマークの風力発電開発に及ぼした影響について、田渕［2003］は興味深い考察を加えている。2003年9月、筆者はポール・ラ・クール博物館を訪れたときに、近くのアスコウ・フォルケホイスコーレにも寄ってみた。同校は現在、生徒不足から来る財政難に悩まされており、多くの外国人生徒によって支えられているのが現状ということであった。
(7) Petersen［1993］p1。
(8) Petersen［1993］p.3。

地域のための電気技術者養成講座

中列の左端がポール・ラ・クール。後列、右から3番目がヨハネス・ユール。
出所：ポール・ラ・クール博物館資料。

第3章　デンマークの風力発電技術　79

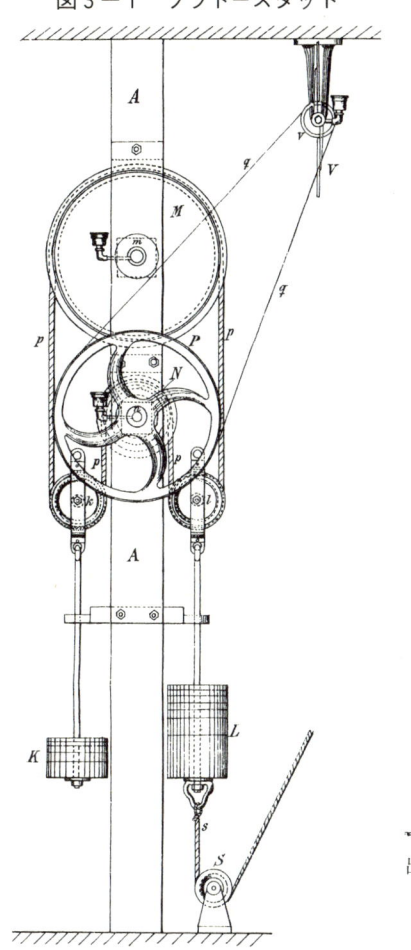

図3-1　クラトースタット

図3-2　リュゲゴー風車

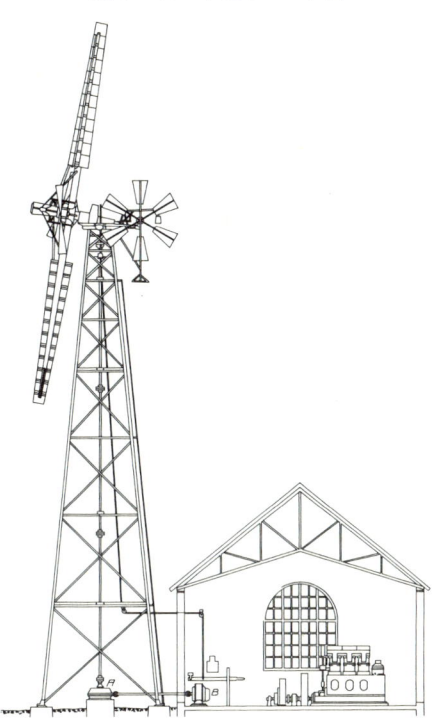

出所：Thorndahl [1996] p.7, Fig I より転載。

出所：ポール・ラ・クール博物館資料。

育には力を尽くし、1904年にはアスコウ・フォルケホイスコーレに「地域のための電気技術者養成講座」を開設して、多くの若者がその技術を学んだ。その中には、のちにデンマーク製の風力発電の標準的な形式となったゲッサー (Gedser) 発電機を開発したヨハネス・ユール (Johannes Juul) も含まれていた[9]。また彼は、1903年に「デンマーク風力発電会社 (Dansk Vind Elektrisitet

Selskab)」を設立した[10]が、これは地元の鍛冶屋などで働く職人や農村出身者を組織したものであった。約60ヶ所の風力発電所を設置し[11]て農村への電力普及を促進したが、小型のディーゼル発電機の発達によって風力発電は廃れ、デンマーク風力発電会社は1916年に解散することとなった。

ラ・クールによる風力発電への取り組みは、デンマーク各地に登場した風力発電機をつくる工場によって全国に拡がっていった。フュン島のリュゲゴー（Lykkegård）風車や、シェラン島ホルベック（Holbæk）のフレゼリク・デールゴー（Frederik Dahlgaard）などである。なかでもリュゲゴーの風車は成功し、1945年にはデンマーク全土で67基が立っていたという[12]。また、このリュゲゴー風車は、デンマーク国内だけではなく南米にまで売られていたという[13]（前ページの図3－2を参照）。

（２）本格的風力発電の開始──アグリコ風車からゲッサー風車へ──

❶アグリコ風車

風速の変化への対応など、ラ・クールによって風力発電の基礎技術が整えられたわけだが、ラ・クールの用いた風車は以前として伝統的な羽根板風車であった。現代の風車のような、プロペラ式の揚力タイプの6枚翼風車がエリーク・ファルク（Erik Falck）、ヨハネス・イェンセン（Johannes Jensen）、ポール・ヴィンディング（Poul Vinding）という3人のエンジニアによって最初につくられたのは1917年のことで、それは農業機械株式会社（Landbrugsmaskin-Kompagniet A/S）が建てたアグリコ（Agricco）風車であった。

その後1920年代には、空力学や誘導発電機による交流発電などが研究されたわけだが[14]、この当時のデンマークの発電用風車には三つのタイプがあった。第一は、ラ・クールの風車に基づく羽根板タイプの伝統的な風車による発電機で、リュゲゴーやフレゼリク・デールゴーなどがこの例である。第二のタイプはアメリカ製の多翼風車を用いた発電機で、フレゼリク・デールゴーはこのタイプもつくっていたほか、コペンハーゲンのスクレザ＆ヨーアンセン社（Schrøder & Jorgensens Eftf.）があった。そして、最後のタイプが空気力学的

なプロペラ風車を用いた発電機で、アグリコ風車がその例であった[15]。

❷F.L.スミト社のエアロモーター

エネルギー源の不足した第二次世界大戦中には、エンジニアリング会社であるF.L.スミト社（F.L.Smith）によって「F.L.S.エアロモーター（F.L.S.Aeromotor）」と名付けられた風車が数多く生産された[16]。ちなみに、1944年には生産台数が88台に達していたという[17]。同社のクラウディ・ヴェスト（Claudi Westh）は、風車を空気力学的に研究し、2枚羽根や3枚羽根など様々な風力発電機を実験した。また、同社のプロペラタイプの翼の設計には、先ほど挙げたポール・ヴィンディングが大きく貢献している[18]。

❸ゲッサー風車

第二次世界大戦後に登場したのが、現代

アグリコ風車の翼

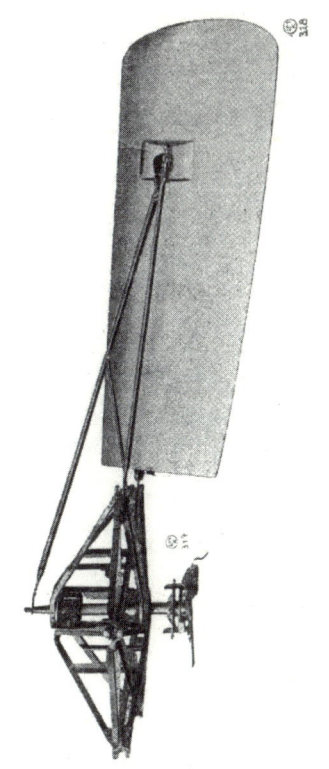

出所：Thorndahl [1996] p.12, Fig Ⅵより転載。

---

(9) Petersen [1993] pp.7-8。
(10) 会社設立の背景には、当時農村で広がりつつあった協同組合運動による農村の都市からの自立があったという。Petersen [1993] s.6 - 7。
(11) Petersen [1993] p.7。
(12) Thornddahl [1996] p.15。
(13) ポール・ラ・クール博物館理事長のビヤーケ・トマセン（Bijarke Thomassen）氏へのインタビューによる。
(14) Petersen [1993] p.10。
(15) Thorndahl [1996] pp.14-15。
(16) Thorndahl [1996] pp.15-19。
(17) 牛山 [1991] p.102。
(18) Petersen [1993] p.12。

F.L.スミト社の翼長24メートルのエアロモーター

出所：Rasmussen [1990] Fig 6 より転載。

の風車の開祖といわれるヨハネス・ユールである[19]。ユールは、1887年にユトランド半島のオーフス（Århus）の農家に生まれた。ユールの両親はグルントヴィ（77ページの注を参照）の影響を強く受けていた。1904年にユールは、やはりグルントヴィの強い影響を受けて設立されたアスコウ・フォルケホイスコーレに入学し、そこで、前述のラ・クールが設立した「地域のための電気技術者養成講座」で電気について学んだ。

この学校を出たあとユールは、デンマーク各地の発電所設置に携わったり、ドイツへ行って仕事をしたりして修行を重ね、1914年に電気技術者の資格をとって独立した電気技術者として働くようになった。その後、彼は東南シェラン電力会社（SEAS: Sydøstsjællands Elektricitets Aktieselskab）にエンジニアとして就職する。SEASで働くときの条件は、自分自身の研究をやらせてもらうということであった。最初は電気調理器具の研究に取り組み、低電圧のレンジの開発に成功して特許を得るとともに、デンマーク技術者協会の会員にもなった。

第二次世界大戦中、泥炭を用いた発電の開発にかかわったとき、泥炭が次第になくなっていくことに気づいて新しいエネルギー源を探す必要を感じた。風力がその一つであると判断して、1947年、ユールは風力発電の開発を始めた。最初は、F.L.スミト社の風車を改良したり交流発電機を接続したりするなどの様々な実験を繰り返した。その一つが1950年につくった「ヴェスター・イースボー（Vester-Egesborg）風車」であり、1952年の「ボウエ（Bogø）風車」である。後者は3枚翼、ストール制御、エア・ブレーキ、アルミ線によるブレードのビームなど、ゲッサー風車の原型となる特徴を備えていた。

一方、ユールを取り巻く社会の方にも風力発電への関心が広まりつつあった。1950年4月、ユールは経済協力開発機構（OECD）の前身である欧州経済協力機構（OEEC）がパリで開いた風力エネルギーの会議に出席した。この会議で各国は、風力発電の開発を担当する組織をつくることを決議した。この決議に対応してデンマークの公益事業省は、デンマーク公共電力協会（DEF: Dansk Elværkers Forening）に「風力委員会」を設置するよう要請した。そして、1950年9月に風力委員会は設立され、風車製造者や発電所の代表や大学の研究者が委員となった。

ボウエ風車

出所：Rasmussen [1990] Fig 6 より転載。

　1952年に風力委員会は、ヴェスター・イースボー風車とボウエ風車の実験継続と、出力100〜200kWのより大きな実験風車の建設を決定した。そして、これらのプロジェクトのためとして国に対して30万クローネの資金援助を申請した。この申請に対してデンマークの国会は、第二次世界大戦後のヨーロッパ復興のためのアメリカからの資金援助であるマーシャルプラン[20]を利用することを認めた。その結果、1954年5月に公益事業省から風力委員会に30万クローネが提供されることが決まった。しかし、実際にこの30万クローネが支払われたのはその2年後となる1956年であった。

　ちなみに、現在風力発電機のテスト＆リサーチ・センターで知られているリソ国立研究所（98ページより詳述）は1955年に原子力エネルギーの研究のため

---

[19] ユールに関する記述は、Thorndahl [1996] の第6節および第7節（pp.19-41）に依っている。
[20] （Marshall Plan）1947年6月、マーシャル米国務長官のハーバード大学での演説がきっかけでつくられた援助計画。期間は1947〜1952年。正式名称は「ヨーロッパ復興計画」。

に設置されたのだが、こちらの予算は1億5,000万クローネだった。風力委員会の予算と比べると、デンマークといえども当時は風力があまり重視されていなかったことがよくわかる。

　出力100～200kWの当時としては、大型の風力発電機の建設はまず建設地の選定から始まった。西ユトランドのエスビヤ（Esbjerg）と、シェラン島の南にあるファルスター島最南端のゲッサー（Gedser）の2ヶ所が候補地となった。それぞれの地域にある電力会社のこれまでの風力発電に関する経験が比較され、SEASの担当地域内にあるゲッサーが選ばれることとなった。そこで、この大型風車のことを「ゲッサー風車」と呼ぶことになった。

　設計にあたっては、ヴェスター・イースボー風車とボウエ風車の経験が生かされた。基本的には、出力45kWのボウエ風車を大型化して200kWにするという計画であった。ボウエ風車の3枚翼、アップウインド、ティップブレーキという基本コンセプトはそのまま踏襲され、ヴェスター・イースボー風車とボウエ風車でも試されていた「ストール制御」が本格的に採用されることとなった。「ストール」とは、翼（ブレード）が揚力を失って失速することである。飛行機の場合は失速は墜落につながるが、風車ではこれをブレードの回転数の制御に利用するのである。デンマークで風車にストール制御を本格的に採用したのは、ユールが初めてであった。

　今日、商業用の風力発電機において「デンマーク・タイプ」といえば、3枚翼、アップウインド、ティップブレーキ、ストール制御を特徴とする発電機のことを指すが、これらはすべてこのゲッサー風車によって確立された技術なのである。その意味で、ゲッサー風車は今日のデンマーク風車の原型と言ってよいものである。

　ゲッサー風車の落成式は、1957年7月26日、当時の運輸大臣カイ・リンベア（Kaj　Lindberg）を招いて行われた。イギリスからは、著名な風車研究者であるE・W・ゴールディングも参加した。完成したゲッサー風車は、タワーの高さが25メートル、ブレードの長さは12メートルで、そのブレードは木製の枠組みをアルミ板で覆ったもので、安全性に配慮して、ピッチ角の変わらない固定ピッチであった。出力は計画通り200kWで、交流発電機より一般の送電線に

第3章 デンマークの風力発電技術　85

ゲッサー風車

表3－2　ゲッサー風車の仕様

ローター径	24m
ティップの周波数	38m/s
回転スピード	30 r.p.m.
ブレード	ストラットとステイが付いた木と鉄
コントロール	ストール（失速）制御
カットイン	5 m/s
カットアウト	15m/s
タワー	コンクリート　25m
発電機	8極誘導発電機　200kw

出所：Rasmussen［1990］p.11。

出所：Pedersen［1990］p.6。

接続される最初の風力発電機となった。

　1957年の完成後、しばらくは実験や調整がなされ、翌年の1958年から本格的に稼働を開始した。そして、1967年までの10年間で2,242MWhの電力を発電した。1964年には、1年間で367MWhというベストの記録も残している。

　ゲッサー風車は、コスト節約のために構造を簡単にしたため、運転し始めると潤滑油が漏れ、周辺の畑などに油をまき散らすという欠点をもっていた。それゆえに、ゲッサー風車は「オイルミル（Oliemøllen）」という愛称でも呼ばれていた[21]。

　ゲッサー風車を立てた風力委員会は、1962年に最終報告書を出して解散した。最終報告書で、ゲッサー風車によって風力発電は技術的に信頼できることが明らかになったと評価する一方で、発電コストについては火力発電の2倍以上か

---

[21]　Thorndahl［1996］p.35。

かるため、これ以上風力発電機開発を継続する根拠はないと結論づけた。ユールは反論したものの、それが受け入れられることはなかった。デンマークでも当時は、原子力の将来性にかける期待が大きかったわけである。

　オイルショック後の1976年、アメリカのエネルギー省・エネルギー研究所（ERDA: Energy Research and Development Administration）からの申し出で、デンマーク公共電気協会はゲッサー風車の再稼働の可能性について調査した。調査の結果、簡単な修理によって再稼働できることがわかり、修理ののち、1977年から1979年までゲッサー風車は再び発電して様々なデータが収集された。この調査を通じて、その安定性にアメリカ側の調査団は感心したという。

　そして、再び1993年にゲッサー風車は解体され、現在はビェアイングブロー（Bjerringbro）の「電気博物館」に保存されている。ナセル部分は屋外に展示

---- COLUMN ----

デンマーク電気博物館（Elmuseet）
　　住所　Bjerringbrovej 44, Tange, DK8850 Bjerringbro, Denmark
　　電話　+45 8668 4211
　　HP　　www.elmus.dk

　夏（4月から10月）のみ開館しており、冬は閉館している。詳しい開館時期は同博物館に問い合わせられたい。

電気博物館に展示されているゲッサー風車のナセルと
分解保管されているブレード

されており、ブレードは、筆者が2000年3月訪問した際には電気博物館近くの小さな工場に保管されていた。

（3）オイルショックによるエネルギー問題への関心の高まり

❶リーセーア風車

　1973年のオイルショックに始まるエネルギー危機は、デンマークにおいても風力発電への関心を高めることになった。この頃は、10〜15kWの小型風力発電機が何人かのアマチュアによってつくられていた。その中で、最も成功したのがクリスチャン・リーセーア（Chiristian Riisager）であった。ヘアニングの大工・家具職人であったリーセーアは、1975年に22kWの風力発電機を開発した。リーセーアの風車は、ブレード先端のティップブレーキを除いてゲッサー風車のコンセプトに基づいており、それを小型化したものであった。

　リーセーアは1972年頃から趣味として水車発電や風力発電に興味を覚え、風力による直流発電に成功していた。その後、ユールの研究成果を学んで、3枚翼、アップウインド、ストール制御の交流発電機に取り組んだのである。1975年に22kW機を自らの裏庭に建て、一般送電網との接続（系統接続）を申請して許可を得た。個人で系統接続した初めてのケースだった[22]。翌1976年には少し大型化した30kW機を開発し、1980年までに約70基が建てられた[23]。腕に自信のある大工や鍛冶屋などが、リーセーアの風力発電機を模倣して風力発電機の生産を始めた。ソーネベア社やウインドマティック社（Windmatic）がその例である[24]。

電気博物館に動態保存されているリーセーア風車

❷ツヴィン風車

　1975年、ツヴィン（Tvind）というフォルケホイスコーレで世界最大の風力発電機を建てようという計画がもちあがった。この学校は社会主義的な教育方針をもった学校で、暖房費の節約と原子力発電へのプロテストとしてこのプロジェクトが始まった。だからといって、同校の教師や学生たちに風車に関する専門知識があるわけではなかった。しかし、ボランティアで多くのエンジニアや職人が結集し、学生たちに専門知識を与えて手助けをした。その中には、ユールより前の第二次世界大戦中に木製の翼を設計したヘリエ・ペザーセン（Helge Pedersen）という、のちにリソ国立研究所にテスト＆リサーチ・センターが設置されたときに初代の所長となったエンジニアもいた。

　同じく協力をしたデンマーク工科大学の教授ウルリク・クラベ（Ulrich Krabbe）は、学校の暖房用だけでなく一般の電力網にも接続するようアドバイスするとともに、周波数変換ボックスを提供した。

　最も難しかったのはブレードの製作であった。ブレードはグラスファイバーをエポキシ樹脂[25]で表面処理したもので、翼長27メートル（可変ピッチ）と、当時としては世界最大の規模であった。このような大きな風車のブレードをつくった経験のある人はさすがに少なかったので、ツヴィンの風車建設チームはドイツのシュツットガルト大学教授のウルリッヒ・ヒュッターに教えを請うことにした。第4章でも詳しく紹介するように、ヒュッターは戦前より風力発電にかかわってきた風力発電の世界的権威であり、特に科学的知識に基づく洗練された風力発電機の開発で知られていた。

　ツヴィンのグループは、風車の回転軸とブレードの結合に関するヒュッターの技術を習得してツヴィンに持ち帰った。科学技術志向、トップダウン型の意思決定の典型といえるヒュッターと、地縁技術志向、ボトムアップ型の意思決定を重視するツヴィンに接点があったというのはとても興味深いことである。

　3年の歳月を経て、1978年にツヴィン風車は完成した。発電機は1954年にスウェーデンの機械メーカー「アセア」[26]によってつくられた出力1,725kWの交流発電機、ギアボックスは1958年製で同じくアセア製品、そしてメイン・シャフトはアムステルダムの廃船置き場にあった旧タンカーのプロペラシャフトを

第3章　デンマークの風力発電技術　89

赤白に塗られたツヴィン風車

使うというように、廃物利用することによってコストを節約して650万クローネという低コストで建設された。タワーの高さは53メートルのコンクリート製で、3枚翼であるがダウンウインド・タイプで、ユールのゲッサー風車に始まるいわゆるデンマーク・タイプとは少し違うタイプであった。公称出力は2MWと当時の世界最大出力であったが、実際には450kWだけ系統接続ができ、別に450kWが学校内の温水供給に使われており、あわせて900kWで運転されていた[27]。

ツヴィン・フォルケホイスコーレはその後、創設者の一人が補助金の不正使用や脱税で指名手配されてアメリカに逃亡中に逮捕されたため、学校自体も一種のカルト集団のようにデンマーク社会から白い目で見られるようになった。筆者が、ツヴィン風車を見学した2000年3月時点では、このような社会からの追究に抗議するためということで、ツヴィン風車は赤白の段だら模様に塗られていた。しかし、1970年代後半に、大企業の手に依らずに大型風車を建てたという偉業や、その後のデンマークの風力発電の技術者ネットワークをつくるきっかけとなったという点に関してはきちんと評価しなければならないだろう。

---

(22) Petersen［1995］pp.13-14。
(23) Thorndahl［1996］p.39。なお、Karnøe［1998］p.192では、1978年までで50基とされている。
(24) ウインドマティック社は、その後、1980年頃にリーセーアと事業を統合した。
(25) （epoxy resin）アミン類、酸無水物と反応して硬化し、無色ないし淡黄色で反応性に富んでいる。繊維強化プラスチックの原材料として利用するほか、接着剤、塗料、プリント回路基盤などに使用されている。
(26) アセア社はのちの1988年、スイスのブラウン・ボベリ社と合併してABB社となる。
(27) Maegaard［2000］pp.130-131（橋爪健郎訳、〈風力エネルギー〉2001年、25巻4号）。

表3－3　デンマーク発電風車発展概史

	1891～1908	1914～1926	1940～1945	1947～1962
科学的知識	抗力理論、オイラー、スミートン、イアミンガー、ラ・クール	空気力学、ラ・クール ポリテクニク（研究グループ）	空気力学、ベッツ、ビラウ	空気力学、ベッツ、ビラウ（ゲッチンゲン） 国際協力
建設 技術知識	ラ・クール アスコウでの実験（特許）	イエンセン&ヴィンディング（特許） フォクト（海軍造船所）	クラウディ・ヴェストとソイツェン（F.L.スミト）	ヨハネス・ユール ヴェスター・イースボー（特許） ボウエ風車 ゲッサー風車 外国との協力
電力供給 構造	1891年全可能性 ―直流・分散構造	直流（NESA交流） 分散／直結	直流―町での直結	交流 直結
政治的・経済的支援	ラ・クールへの国家補助	第一次大戦 燃料危機（民間企業） フォクトへの国家補助	第二次大戦（民間企業）	SEAS（民間企業） DEF（政府援助団体）
製造者	伝統的風車大工 リュゲゴー デールゴー	リュゲゴー デールゴー アグリコ	スミト リュゲゴー 多くの中小メーカー	SEAS（ユール） DEF(ユール,風力委員会)
風車タイプ 風の平均利用度	イギリス型風車 オランダ型風車 羽根板風車 多翼風車	羽根板風車　23% オランダ風車　　6% 多翼風車　　　17% プロペラ風車　43%	羽根板風車 オランダ風車 多翼風車 プロペラ風車 30～40%	羽根板風車23% 多翼風車17% プロペラ風車 50～60%

出所：Thorndahl [1996], p.2 Tabel1（松岡・宮脇訳〈風力エネルギー〉第25巻第2号、p.57、表1）。

第3章　デンマークの風力発電技術　91

表3-4　デンマーク発電用風車の仕様

	ローター長 (m)	風速 (m/秒)	発電機 (kW)	ローター形式	制御	翼端速度 (m/秒)	風の利用度	ヨー
羽根板風車 1915~45 ラクール型	7~18	6~11.4	5~30 直流	4枚木製翼羽根板付き	鉄棒による羽根板の開閉	2.5	23%	尾翼
アグリコ風車 1918~25 (NESA) イェンセン&ヴィンディング	5~12.5	4~10	5~40 ダイナモ (非同期)	4~6 鉄製プロペラ	セイリングスプリングによる制御	3	43%	尾翼
プロペラ風車 F.Lスミト 1940~50	17.5および24	6~24	50と70 直流	2~3枚木製プロペラ	翼フラップ	9	30~40%	尾翼
プロペラ風車 SEAS (Juul) ヴェスター・イースボー 1950	7.65	5~15	12 交流	金属、木 2枚または3枚 アルミニウムプレート/支柱付き木製枠組み	ストール、翼端回転（ティップ）	6.5	40~50%	電気モーター
ボウエ風車 1952	13	5~15	45	支柱つき3枚翼	翼端回転（ティップ）	5.4	50~60%	電気モーター
ゲッサー風車 1957	25	5~15	200	支柱つき3枚翼	翼端回転（ティップ）	5.4	40~50%	電気モーター

出所：Thorndahl [1996], p.3 Tabel2（松岡・宮脇訳〈風力エネルギー〉第25巻第2号、p.58、表2）。

（4）大型機開発プロジェクト

❶ニーベ風車

　リーセーアのような個人や小企業による小型風車、そしてツヴィン・フォルケホイスコーレのようなイデオロギー的な背景をもった風力発電機開発が進む同じ時期、電力会社を中心とした大型機の開発プロジェクトも進行していた。

　オイルショックの後、デンマーク技術科学アカデミー（Akademiet for Tekniske Videnskaber）は風力エネルギーの可能性について研究を始め、1975年にデンマークにには十分な風力資源があり、風力発電機を生産するための基礎研究に5,000万クローネの研究資金を投入すべきであるというリポートを発表した。[28] このリポートに基づいて、1977年に公式の「風力プログラム（Vindkraftprogram）」が明らかにされて3,500万クローネの予算が組まれた。

　このプログラムの目的は、大型風力発電機がデンマークの電力供給にどんな条件のもとで、どの程度貢献することができるのかを明らかにすることであった。このプログラムによって最初に取り組まれたのが、先に述べたアメリカのエネルギー研究所（ERDA）との共同によるゲッサー風車の再運転によるデータ収集であった。

　ゲッサー風車の調査が終了する前の1977年、実験用の大型機の建設計画が立てられた。これは、エネルギー省と電力会社の負担で、ユトランド半島北部のニーベ（Nibe）に2台の大型機を建設するという計画であった。2台ともに出力630kW、タワー高45メートル、ローター径40メートルの3枚ブレード、アップウインド型という共通する特徴を備える一方、制御方式は異なっており、その両者を比較しようという目的をもっていた。「ニーベA」と呼ばれた発電機はストール制御、「ニーベB」と呼ばれたもう一つはピッチ制御であった。資金が不足したため、ブレードはスチールとガラス繊維強化ポリエステル（GFRP）の複合材でつくられ、その設計はリソ国立研究所で行い、そのほかの部分の設計はデンマーク工科大学で行われた。

　これら2基の建設は1978年に始まり、翌年の1979年に完成した。「ニーベ

表3－5　ニーベ風車の運転時間（1989年1月まで）

	運転時間	発電量
ニーベA	6,146時間	1,313MWh
ニーベB	18,196時間	4,829MWh

出所：Grastrup and Nielsen [1990], p.26, Table1

A」は1979年9月に、ニーベBは1980年8月に一般送電網に接続されたが、運転開始直後より、主にブレードの金属疲労を原因とするトラブルが続いた。「ニーベA」は1983年から1984年にかけて運転が中止され、その後も1991年までデータ収集のための測定のとき以外には運転がされなかった。「ニーベB」も同様のトラブルを抱えていたが、1984年にブレードを木製のものに交換し、それ以降は稼働率がぐんと高くなった。ニーベ風車の運転時間と発電電力は**表3－5**のようになっているが、これらは小規模メーカーの風力発電機の性能にも劣るものであった。

❷ヴィンデーン40とチェーアボー風車

　ニーベでの比較実験をふまえ、二つの送電会社が大型機の建設を計画した。当時のデンマークの電力業界は、多くの発電会社と配電会社の間をつなぐ送電会社が東西に2社あった。シェラン島を中心とする「エルクラフト（Elkraft）」と、もう一つがフュン島とユトランド半島を中心とする「エルサム（Elsam）」であった[28]。この2社がデンマーク政府とヨーロッパ連合（EU）の支援を得て、大型機を建設したのである。

　エルクラフトの計画は、デンマーク・ウインド・テクノロジー（Denmark Wind Techonology）社製[30]の「ヴィンデーン40（Windane40）」と呼ばれる750kW

---
[28] Karnøe [1991] p.182。
[29] エルサムは、その後1998年に「エルトラ（Eltra）」と「エルサム（Elsam）」に分離され、エルサムは発電を担当、エルトラが送電を担当するようになった。
[30] デンマーク・ウインド・テクノロジー社（DWT）は、1970年代初めにエネルギー省などが出資して、様々な風力発電機を開発生産するために設立された特殊法人である。Madsen [2000] p.151（橋爪訳〈風力エネルギー〉2002年、26巻3号）。

機を5基、マスネエ（Masnedø）島に建設するというものであった。基本設計はニーベ風車のものを踏襲し、「ニーベB」と同じピッチ制御が選ばれた。ニーベでの教訓によってブレードは均一材でつくられることになりGFRPが選ばれた。1985年に建設が始まり、1987年より運転を開始したが、オーバーヒートによるブレード脱落やギアボックスのトラブルが相次いだ。

　エルサムの計画はもっと大型で、出力は2MWという当時としては非常に大きなものであった。これをエスビアの近くのチェーアボー（Tjærborg）に1986年より建設を始めて1988年には完成したが、こちらもギアボックスのトラブルが相次いで期待通りの性能は発揮できなかった。

2 風力発電機の産業化

（1）新規参入

　リーセーアによって端緒を切られた個人や小企業による風力発電機の製造販売は、1970年代後半にはいくつものメーカーの参入につながった。例えば、1976年にはS.J.ウインドパワー社（S.J.Windpower）、1977年には前述のソーネベア社、1978年にはウインドマティック社、クリアント社（Kuriant）などである。風車の規模は、10～15kw程度の小規模な風力発電機であった。その後、1980年までに約10社が風力発電機製造業に参入したが、これらの多くはリーセーアの風車を模倣したものであった。

　今日、これらのメーカーの名前を聞くことはない。しかし、現在の有力メーカーが風力発電機をつくり始めたのもほとんどがこの頃である。1979年には、今日のデンマークの大手3社——農業用輸送機械メーカーだったヴェスタス社、タンク車用の水と油のタンク・メーカーだったノータンク社（現在のNEGミーコンの前身）、そして灌漑、給水設備メーカーだったボーナス・エナギー社

——が風力発電機生産に乗り出している。これらの工場では、熟練労働者と技師（technician）と少数の現場技術者（practical engineer）が中心核をなしていた。彼らの開発方法は、現場での実験（practical experiment）や運用しながらの経験（operational experience）からの現場研修（learning-by-using）による工場内（shop floor）での議論を通じて経験やノウハウが蓄積されていった。

風力発電機のメーカーだけでなく、ブレードなどの部品メーカーもこの頃に多く設立されている。デンマーク工科大学のエコロジー・グループのメンバーだったエーリク・グローヴェ＝ニールセン[31]は、1970年代初めにユトランド半島のヴィボー近くに引っ越していたが、1977年[32]にエケア風力エネルギー社（Økær Vindenergi）という風車ブレードの製造工場を設立した。彼はツヴィン・フォルケホイスコールのグループから風車ブレードの型を購入し、風車ブレードの製造を始めた。そして、翌年の1978年には、リーセーアと並ぶ初期風車のパイオニアであったカール＝エーリク・ヨアンセン（Karl-Erik Jorgensen）が、ヘンリック・スティースダール（Henrik Stiesdal）というエンジニアとともにヘアボー風力（Herborg Vindkraft）という風車ブレードの製造工場を始めた。翌1979年にヘアボー風力はヴェスタス社とライセンス契約を結び、ヘアボー風力のサプライヤーであったグローヴェ＝ニールセンの技術が、ブレードの社内生産を特徴としているヴェスタス社のブレード生産の基礎となった。

ヨアンセンは、「アクティブ・ヨー」開発に貢献した技術者として知られている。この技術は、風向の変化へのブレード面の反応を改善するものであった。それまでは、風にあわせてブレードの向きを変えるのも風の力に頼っていた「パッシブ・ヨー」であったが、動力を用いて風向きにブレードの正面をあわせるシステムが「アクティブ・ヨー」である。

---

(31) グローヴェ＝ニールセンに関しては、Grove-Nielsen［2000］を参照（橋爪健郎訳〈風力エネルギー〉2002年、26巻2号）。
(32) Karnøe［1991］p.329の表2－1では1976年とされている。

表3－6　デンマークの風力発電機産業への参入（1974－1989）

年	参 入 等 企 業
1974	Riisager(M)
1976	S.J.Windpower(M), Økær Vindenergi(V)
1977	Sonebjerg(M)
1978	Windmatic(V), Vind (Riisager), Kuriant, K.J.Fiber, Vølund(V), Herborg Vindkraft(V), K.K. Elektronik(S)
1979	Vestas(M), Bonus(M), Nordtank(M), NIVE(M), Hemi(S)
1980	Alternegy(元 Økær), LM Glasfiber
1981	Tripod（コンサルタント）
1982	Dansk Vindteknologi(M+V)
1983	Danish Windpower(M), Folkecenter（研究所）, Micon(M, Nordtank より分離独立)
1984	Wincon(M), Danwin(M)
1985	Tellus(M), Vindsyssel(M), Dencon(M), Windworld(M)
1986	Nordex(M)
1987	Centec(S)
1988	Orbital(S, 元 Hemi)
1989	Vestas, DWT を合併

註：カッコ内の記号、M＝風力発電機、V＝翼（ブレード）、S＝(制御機器)
出所：Karnøe [1991] pp.329-330, Tabel2.1。

（2）風力発電への投資と建設補助金

　リーセーアの成功とともに風力発電機産業への参入を促進したのは、風力発電所有者への補助金制度の導入であった。これは1979年に国会を通過し、当初は建設資金の30％を補助するというものであった。その後、補助率は次第に低下し、10年後の1989年にこの制度は廃止された。とはいえ、その頃のドイツやオランダなどヨーロッパの国々を見ると、風力発電機の開発には多くの補助金

表3－7　デンマークにおける風力発電機建設補助金

年	1979	1981	1982	1983	1985	1987	1988	1989
補助金率(%)	30	20	30	25	20	15	10	廃止

出所：Karnøe [1991] pp.329-330, Tabel2.1。

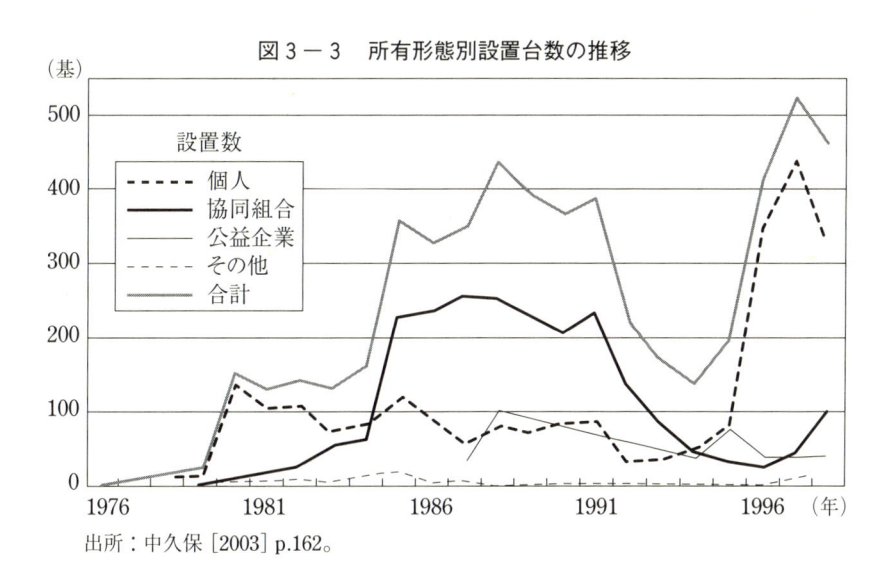

図3－3　所有形態別設置台数の推移

出所：中久保 [2003] p.162。

を出していたが、このような市場を育てていくための補助金は出されていなかっただけに、デンマークにおけるこのような市場育成策が風力発電機への需要を喚起して風力発電機産業の発展に大きく貢献したことは間違いない。ちなみに、この制度が始まった1979年から1985年までの間に、約1,300基の風車がこの補助金制度を使って建てられた[33]。

　1970年代に、デンマークの国内で風力発電機を購入するのは主に農民で、自分の所有する畑の中に風車を数本建てるというケースが多かった。その後、1980年代に入ると農民たちが協同組合を組織して風車を購入するケースが増え、**図3－3**が示すように、1985年になると協同組合による設置が個人による設置を

[33]　Risø [1986] p.9。

上回るようになった。

　個人にしろ協同組合にしろ、主体は農民であった。先に述べたように、風車メーカーのほとんどが農業関係の機械メーカーであった。つまり風車メーカーにとって、お客さんとなったのは以前と同じ人たちだったのである。それゆえ、ユーザーからの意見や問題点の指摘など、ユーザーとメーカーの間の意思疎通が非常にスムーズであった。

　このように、ユーザーからの製品に関する意見のフィードバックが行われたことが風力発電機の信頼性を高め、1980年代初頭にアメリカ市場において成功した背景でもある。これも、デンマーク風車の技術確立過程でボトムアップ的な意思決定が重要な役割を果たした一例である。

（3）リソ国立研究所

　前述の補助金を得るためには、性能について認証を受けた風力発電機を建てなければならなかった。その認証テストを受け持ったのが、1978年にロスキレ近郊のリソ（Risø）国立研究所に設置された「テスト＆リサーチ・センター（TRC: Test and Research Center）」であった。リソ国立研究所は、冷戦が始まった頃の1956年に原子力の研究機関として設置された研究所である。

　政府は最初の3年間に、年間550万クローネ（約100万ドル）の補助金をTRCに与えた。初代の所長はツヴィンの2MW風車プロジェクトにも参加していたヘリエ・ペザーセンであった。そして、3人の風力発電の経験者を含む4人のエンジニアが所員となった。

　補助金の対象となるために風力発電機メーカーとTRCの間の交流が活発となり、企業の垣根を超えた意見交換も行われたという。また、そこから多くの最先端の研究成果が出版された[34]。決して科学的に最先端の知識ではなく、工場の現場からの発想を重視するボトムアップ的な開発志向をとっていたために空力学的な知識や経験は十分でなく安全マージンを大きくとることになり、重量も重く外観も不恰好な風車がつくられることになった。しかし、このことがのちにアメリカ市場で堅牢さを評価されることになった。

ちなみに、ある風力発電機のモデルについて認証を受けるための費用は10万クローネであった。TRC での認証基準は技術進歩に伴って毎年変更されるので、認証の有効期間は1年でしかなかった[35]。

（4）カリフォルニアブームによる産業の確立

前述のような補助金制度で市場が育ったとしても、デンマークの国内市場は所詮小さなものでしかない。この限界を突破して産業が育っていく契機となったのは、アメリカのカリフォルニアで起きた風力発電ブームであった。

カリフォルニアでは1978年に、太陽光や風力による発電機を設置するとカリフォルニア州税を、小規模システムの場合で50％、事業所の場合には25％控除できるというカリフォルニア州法が成立した。この優遇税制によって、連邦税控除とあわせるとおよそ40〜45％という非常に大きな税控除ができるようになった[36]。

その一方、1970年代後半、アメリカでは様々な分野で規制緩和が進んだのであるが、電力業界もその一つであった。アメリカでは1978年に有名な「パルパ法（PURPA: Public Utilities Regulation Policies Act、公益事業規制政策法）」が制定されたが、これは電力会社が認定設備（Qualifying Facilities: QFs）を備えた再生可能エネルギー発電所によって発電された電力の購入を義務づけたものである。ここでいう「認定設備」とは、一次エネルギー源の75％以上が再生可能エネルギーによるもので出力80MW 以下の小規模発電所、あるいは電力と熱エネルギーを同時に生産するコジェネレーション設備（この場合には、エネルギー源が再生可能であるかどうかは問われない）である[37]。

優遇税制とともにパルパ法によって小規模発電所の参入が可能になったのを

---

(34) Karnøe［1998］p.15。
(35) Risø［1986］p.9。
(36) Richter［1996］p.197。
(37) この政策によって小規模な独立発電業者の参入が可能になり、アメリカの電力業界自由化の第一歩となった。その後、パルパ法（第210条）は、1999年の包括的電力競争法（CECA: Comprehensive Electricity Competition Act）が成立したことによって廃止された。

きっかけに、カリフォルニアでは風力発電に投資するブームが起きたのであるが、税制だけがカリフォルニアブームの理由ではなかった。アーカンソーやオクラホマ、オレゴンではもっと高い税控除率が設けられていたにもかかわらず、それらの地域では風力発電ブームは起きなかったのである。では、何故カリフォルニアかというと、ここには世界でも有数の、発電に適した風の吹く地域があったのである。カリフォルニアのモハベ砂漠（Mojave Desert）のテハチャピ（Tehachapi）峠などは世界で最もよい風の吹く地域である。

かくして、世界中の風力発電機メーカーがカリフォルニアに集まった。とりわけデンマークからカリフォルニアへの輸出ブームが起こり、カリフォルニアの市場の急な拡大によって多くの風車メーカーが急成長した。輸出額は、1982年には3,000万クローネであったものが1985年には21億クローネに達した。シェアで見ても、デンマーク製の風力発電機は1986年にはカリフォルニアの風力発電機の65％を占めるまでになった。地元アメリカのメーカーに対し、デンマークの中小企業と言ってもいいようなメーカーが競争に勝ったのである。

この理由が、リソ国立研究所の項でも述べたように、科学的な洗練さとはほど遠い無骨なデザインではあるが丈夫であったことである。カリフォルニアでは、風力発電機の投資ブームからしばらくして、多くの風力発電機が強風に耐えきれず破損してしまった。この頃、ナセルの落ちた風車がたくさん見られたという。その中で、デンマークの風車は頑丈で破損が少なかったのである。科学的知識に決して先導されない、工場の現場からの発想が功を奏したのである。

（5）デンマークの国内市場

オイルショックの経験からエネルギー政策の重要性を認識したデンマークでは、1979年にエネルギー政策を専門に担当する「エネルギー省」が設置されることになった。エネルギー省は、1981年、「エネルギープラン81」というエネルギーに関する長期計画を発表した。この計画の目標は、6万台の小規模風力発電機を設置し、2000年にはそれらで総電力の8.5％を風力によって賄うとされた[38]。

さらに1984年5月、リソ国立研究所を交えてデンマーク公共電力協会

(DEF)と風力発電機製造者協会(FDV: Foreningen af Dansk Vindmøllefabrikanter)は、次のような事項について「10年合意」を締結した。まず、政府の投資補助が続く限り、風力発電機から一般送電網へ接続するための費用の35％を電力会社が負担する。第二に、風力発電機によって生み出されたすべての余剰電力を、一般の消費者が支払う電力料金の85％で電力会社は買い取るというものであった[39]。

この合意は、デンマーク国内の風力発電機設置を急増させた。1984年に新たに設置された風力発電機が8MWにすぎなかったのが、1985年には約20MW、1986年には約30MWと増えていったのである。

風力発電機の需要を増やすという側面で重要な意味をもつ出来事が1985年に起きた。エネルギー省と電力会社が、1986年から1990年の間に毎年20MWずつ、合計100MWの風力発電機を新設するということで合意したのである。この100MWは、シェラン島のエルクラフトが45MW、ヒュン島とユトランド半島のエルサムが55MWという分担であった[40]。この合意の背景には、風力発電の分野も自らの管理下に置きたいという電力会社の思惑があったが、風力発電機の需要拡大という面では風力発電機メーカーにもメリットがあると思われる合意であった。

このような風力発電機需要の促進要因があった一方で、抑制するような要因も出てきた。1985年12月、政府の決定により風車所有者に制限が加えられるようになったのである。第一に、風車の所有者は、立てられた風力発電機から半径10キロメートル以内に居住していなければならない、あるいは同じコムーネ（市町村に相当）に住んでいなければならない。そして、風力による発電量は、所有者の年間消費電力の35％を超えてはならないというものであった。

このような所有者規制については、「風は地元住民のものである」という考えを反映したものと積極的に評価する考えもある[41]。つまり、都市住民が風力

---

[38] Van Est [1999] pp.80-81。
[39] Van Est [1999] p.87。
[40] Van Est [1999] p.89。
[41] 例えば、スズキ [2002] p.73など。

表3-8 デンマーク風力発電機の販売額（100万クローネ）と雇用者数

	1980	1981	1982	1983	1984	1985	1986	1987	1988	1989
合計	18	44	94	343	895	2275	1460	570	630	840
国内	18	44	64	43	95	175	160	170	420	400
輸出			30	300	800	2100	1300	400	210	440
雇用	50	70	200	500	1100	3300	2000	900	1200	1200

出所：Karnøe [1991] p,.16, Tabel2.1を転載。

発電に投資して儲け、騒音や景観などの被害を受けるのは地元民ということを防ぐという考え方である。その一方で、このような制限は、風力発電の増加を好まない電力会社のロビー活動によって実施されたという否定的な意見もある[42]。これによって、実際、風力発電機の販売契約の3分の1がキャンセルされたという[43]。

　カリフォルニアの優遇税制は1986年に終了した。このことは、デンマークの風力発電機産業にとって非常に大きな痛手となった。さらに、プラザ合意（1985年9月22日）以降のドル安もデンマークからアメリカ合衆国への輸出には不都合な要因であり、それらのために輸出は激減した。またその背景には、数年前より風力発電機の開発に取り組んでいた三菱重工が1987年から運用を開始したハワイのカマオワ・ウインド・ファームに37基を納入し、本格的に風力発電機市場に参入したこともある。三菱重工との資金力格差による将来性に懸念を抱いたデンマークのメーカーは、資金的にも苦境に立たされた。このような需要面、資金面の難問に直面した多くの風力発電機メーカーが倒産し、デンマーク国内での投資補助金も次第に補助率が下げられていって1989年には廃止されてしまった。

（6）風車の大型化

　カリフォルニアに輸出されていた風力発電機は、多くが出力55〜65kWという小型のものであった。1983年頃になり、先に述べたように、カリフォルニア

市場でのデンマークの風力発電機の勝利が決まると、デンマークのメーカー間でも競争が激しくなった。これまでのメーカーに加えて新たに参入してくるメーカーもあり、このような競争が技術の進歩を促進させた。これまで無骨で頑丈さだけが取り柄といってもよかったデンマークの風力発電機も、効率性を追求して大型化するようになってきた。また、いくら広いといえるカリフォルニアの砂漠も、多くの風車が林立するようになると新たに立てる場所が次第に不足してき、その結果、大型機の需要が増していったわけである[42]。

第1章の図1-6（32ページ）を見るとわかるように、ヴェスタス社の場合、1984年に75kW機、1986年に90kW機、1987年には100kW機を開発している。風力発電機を開発し始めた当初の購入者は農業機械メーカー時代から取引のあった農民たちで、実際に使用した経験からの様々なアドバイスがメーカーにフィードバックされ、信頼性の高い風力発電機がつくられていった。しかし、主な市場がデンマークから遠く離れたカリフォルニアとなると、使ってみたうえでのアドバイスや意見はメーカーには届きにくく、これまでのボトムアップ的な意思決定システムの一部がうまく機能しなくなってきたのである。この結果、1986年頃になると、カリフォルニアにあるデンマーク製の風力発電機に様々なトラブルが出てきた。特に、ブレードとギアに多くのトラブルが発生し、デンマークの風力発電機への信頼性を下げることになった[43]。

一方、デンマーク国内では電力会社の100MW合意によって、電力会社からの需要が期待できるようになった。電力会社は大出力の発電設備を運営するのに慣れているので要求する風力発電機もより大きなものになり、求める出力は300〜500kWであった。図1-8に記したように、ヴェスタス社は、1988年に200kW機と前年から2倍の出力を実現し、2年後にはさらに2.5倍の500kW機を完成させている。

このことは、デンマークの風力発電機産業にとって一つの転換点をもたらし

---

(42) 例えば、Kamp［2002］p.159など。
(43) Karnøe［1998］。
(44) Kamp［2002］pp.156-157。
(45) Karnøe［1998］pp.228-230。

た。それまでの生産現場の経験と身近なユーザーとのコミュニケーションに基づく伝統的な開発体制から、より近代的な研究開発を重視する体制に変換せざるを得なくなった。当然、リソ国立研究所のテスト＆リサーチ・センターにも新しい技術情報の提供が求められるようになった[46]。

（7）市場の拡大と大企業化

1990年代に入ると、世界規模での環境重視という傾向とアジア諸国、とりわけインド、中国の発展によるエネルギー需要の増大という二重の効果によってデンマークの風力発電機産業は基盤を固めることになった。

環境重視の市場としては、ヨーロッパ、特にドイツとスペインが大きな市場となった。これには、1986年に起きたチェルノブイリの原子力発電所での事故が大きな影響を及ぼしている。一方、新興経済地域であるインドと中国は国土が広いために従来型の電力網を張り巡らすのが容易でなく、各地域での電力エネルギー源として風力に注目したのである。特にインド市場には、デンマークのメーカーは早くから生産拠点をつくり、市場を積極的に開拓していった。

デンマークの国内では、1990年4月にエネルギー政策の新しい基本方針として「エネルギー2000（Energi 2000）」が発表され、2005年までに1,500MWの風力発電機を設置することが目標とされた。また、電力会社は新たな「100MW合意」に調印し、よりいっそう風力発電に取り組む姿勢を明らかにした。

この新しい合意を実現するためには、風力発電機をさらに大型化することが求められた。また、1992年には「風力発電機法」が制定され、風力発電機設置に伴う送電網を強化する費用は電力会社が負担し、送電網への接続費用は風力発電機所有者が負担、そして電力会社は風力発電による電力は小売価格の85％で購入しなければならないというように、1984年の「10年合意」を法律によってきちんと制度化した。さらに、1994年には居住制限が緩和された。これまでは風力発電機の近くに住んでいないと風力発電機の所有者になれなかったが、この緩和によって、共同で所有する場合、所有者の半数が近所の住人であればよいことになった。

このように内外の市場が成長していくにつれて有力メーカーの規模が拡大し、中小企業の枠を超えていったわけであるが、その一方で企業間の競争は激化することになり、企業の淘汰が進んで企業数は減少していった。競争激化のため、コストダウンに走りすぎて多くのトラブルを発生させてしまい、一時的に経営危機に陥ってしまうようなケースも出てきた。また、技術面でも、大型化によって伝統的なデンマーク・タイプでは対応できないようになってきた。地縁技術や生産現場の知恵を基盤として出発したデンマークの風力発電機産業も、グローバルな近代企業として大きく姿を変えたのである。

3 風力発電機産業とサプライヤー

一時は20社以上あったデンマークの風力発電機メーカーも、合併や撤退などで企業数が減少してきており、現在は「トップ10」に入っている3社のみが残るといってよいだろう。その3社と、ブレードでは第一人者であるLMグラスファイバー社について紹介しよう。

❶ヴェスタス社

まず、世界のトップメーカーであるヴェスタス社は、1898年、鍛冶職人H.S.ハンセン（H.S. Hansen）がユトランド半島西部の小さな町レムに鍛冶屋を開いたのを出発点としている。1928年　H.S.ハンセンとその息子のペザー・ハンセン（Peder Hansen）はデンマーク鉄工産業（Dansk Staalvindue Industri）という企業を創業し、4年後に法人化した。その後、第二次世界大戦中に鉄不足となるまで成長し続けた。

1945年、ペザーが同社から独立し、9人の仲間とともに西ユトランド鉄工技術株式会社（VEstjysk STålteknik A/S）という新会社を資本金75,000クローネ

---

(46) Karnøe ［1998］pp.233-234、Kamp ［2002］p.165。

で創業した。そして、社名の頭文字をとって「ヴェスタス社（VESTAS）」とした。製造していた主な製品は家庭用品であったという。

1950年になって、家庭用品に加えて重機、油圧クレーン、冷却システムに事業を拡張し、フィンランドやドイツ、ベルギーに向けて輸出を開始した。その後はクレーン生産が主要な事業となって順調に成長を遂げていったのだが、1973年に起きたオイルショックをきっかけとして代替エネルギーについて考え始めた。

1979年、ペザーの息子、フィン・メアク・ハンセン（Finn Mørk Hansen）が初めての風車を設計し、風力発電機の生産を開始した。先に述べたように、ヴェスタス社はブレードの自社生産をする数少ないメーカーの一つであるが、そのブレードの生産を始めたのは1983年のことであった。かつてブレード破損事故を起こし、その経験から社内生産に踏み切ったわけである。そして、もう一つの技術的特徴であるピッチ制御による風車の生産を始めたのは1985年のことであった。のちに、このシステムは「オプティティップ（OptiTip）」と名付けられる。

1986年、カリフォルニアの税制の変化で風力エネルギー市場が崩壊し、ヴェスタス社は深刻な財務上の損失を出して倒産に追い込まれた。翌1987年、新会社「Vestas Wind Systems A/S」が設立され、風力タービンの生産を継続した。1989年、ヴェスタス社は、ヴィボーにある風力エネルギー会社「Dansk Vind Teknologi A/S」と合併した。そして、第1章で述べたように、1998年にコペンハーゲン株式市場に上場した。

当初、風力発電機メーカーは部品を内製していたが、すぐにサプライヤーから購入する体制ができた。ギアと発電機以外のサプライヤーは地元の中小企業である。サプライヤーの競争力も事前にあったわけではなく、経験を通じて徐々に蓄積されていった。このよ

ヴェスタス社の本社

うなサプライヤーの技術水準の高さが、デンマークの風力発電機の国際競争力を高めるのに大きく貢献している。

❷NEGミーコン社

1962年、レアベック゠イェンセン（Rørbæk-Jensen）家によって設立されたノータンク社（Nordtank）を出発点とする。もともと、タンク車用の水、油のタンクメーカーであった。1979年に風力発電機の開発に着手し、1980年に生産を開始した。1984年にはタンクの製造から撤退し、1980年代前半は主に55kW、65kW機を生産していた。1980年代の需要減退期に解散し、その後、1987年に再編して新会社が設立された。

1983年に、ノータンク社の技術者であったペーター・ホイゴー・メーロプ（Peter Højgård Mørup）が独立してミーコン社（Micon）を設立した。同年に55KWの最初の風力発電機を生産し、1984年に100kW機を生産した。また、1984年～1986年には1,400基以上をカリフォルニアに建てている。1986年末段階で世界全体に1,430基、総発電量126MWとなり、1980年代半ばの需要減のときにも生き残った。しかし、その後も需要は低迷し、1987年～1992年にかけて449基を7ヶ国に設置しただけであった（総発電量88MW）。

1993年より需要が回復し、802基、総発電量377MWを販売した。1983年から1997年4月までの総発売基数2,681基、591MWである。1993年末に創業者であるペーター・ホイゴー・メーロプが持ち株を売却して引退し、1997年、ノータンク社と再度合併して「NEGミーコン社」になった（本社はラナース[Randers]）。第1章でも述べたように、同社は1998年にコペンハーゲン証券取引所に上場している。

NEGミーコン本社の工場

❸ ボーナス・エナギー社

ニュステッド・オフショア・ウインドファーム

同社は、もともとダンライン社（Danregn A/S）という灌漑プラントのメーカーであった。1980年に初めて風車を開発に進出し、ローター径10メートル、タワー高さ18メートル、出力22kWの風力発電機を開発し、この風車を15基生産した。そのいくつかはローター

写真提供：Nysted Havmøllepark

を少し延ばして出力を高めた10.7メートルの30kW機であった。

翌1981年、ダンライン風力（Danregn Vindkraft）を設立して風力発電機部門を独立させ、ローター径15メートルの55kW機を開発した。1983年に社名をボーナス・ウインド・エナジー（Bonus Wind Energy）に変更し、この頃よりカリフォルニアに輸出を開始し、最初の年に65kW機6基をテハチャピに設置した。しかし、カリフォルニアにおける優遇税制廃止後の1987年にアメリカ合衆国への輸出は停止した。

ほかのメーカー同様、大型化やオフショア（洋上）にも積極的に取り組んでいる。特に、コペンハーゲン市の沖合に設けられたミズルグロネン・オフショア・ウインドファームでは同社の2MW機が20基設置された。また、2003年の夏に完成した、ローラン島南端のニュステッド（Nysted）・オフショア・ウインドファームでは同社の2.2MW機が72基も設置された。

日本では、大型風力発電所の草分けとなった、苫前町の上平グリーンヒルウインドファーム内のユーラスエナジー地区に1MW機が20基設置されている。

❹ LMグラスファイバー社

様々な風車部品の中で、とりわけブレードは風車の性能を定める上で最も重要な役割を担っている。風力発電産業の初期には複数のブレードメーカーがあった。グラスファイバーの技術をもったボートメーカー系のメーカーとしてLMグラスファイバー社とMATエアフォイル社、また先に述べたエケア風力

エネルギー社を設立したエーリク・グローヴェ=ニールセンは「エーロスター」という商品名で自らブレードを販売し、その後ヴェスタス社が出資するアルターナジー社という新たに設立されたブレードメーカーのコンサルタントに就任した。そのほかに、カイ・ヨハンセン（Kaj Johansen）という大工が設立したK.J.ファイバー社というブレードメーカーもあった。しかし、LMグラスファイバー社を除くメーカーは、アルターナジー社が1985年頃、K.J.ファイバー社が1990〜1992年頃、MATエアフォイル社が1988〜1989年頃にそれぞれ撤退した。

現在、LMグラスファイバー社はブレードの世界的な先端企業となっており、デンマークの風車メーカーであるヴェスタス社を除くすべてのメーカーのサプライヤーとなっている。

LMグラスファイバー社は、1940年に家具大工のローレンツェン（Lorentzen）氏がルナスコウ・ムブラー社（Lunderskov Møbller）という会社を設立したのがその出発点である。「ルナスコウ」というのは会社所在地の地名で、「ムブラー」とは「家具屋」という意味である。つまり、ルナスコウの家具屋という名前で、この頭文字が現在の社名の由来となっている。翌1941年に同じく大工のスコウボ（Skouboe）氏が事業に参加し、1948年にデンマークに遊びに来たイギリス人の車が引いているキャラバンを見て、それと同じものの生産を開始した。

1953年、キャラバン、魚養殖用の設備などにグラスファイバーを使った製品の生産開始した。ルナスコウ周辺には小さな川（クリーク）が多くあり、その傍で魚（主にマス）を養殖していた。養殖用の池としてそれまでは木でつくった容器が使われていたが、水の清潔さを保つためにはグラスファイバーの方が都合がよかったという。これがのちにグラスファイバーによるブレード技術の基礎となった。

1964年、現在の本社の所在地に移転し、1965年にLMグラスファイバー社（LM Glasfiber）とLMキャンピング社（LM Camping）に分離し、それぞれの経営者としてグラスファイバー社はスコウボ氏、キャンピング社がローレンツェン氏ということになった。LMグラスファイバー社は、1967年にはプレジャーボートの生産開始し、1972年に「LM27」というモデルの生産を開始して1985

年までに1,800隻を生産し、プレジャーボートのメーカーとして名を知られるようになった。

風車用ブレードの生産を開始したのは1978年のことであった。最初の客はリーセーアであったという。1979年、リーセーアのブレードをコピーした型をもち込んだソーネベア社が注文をしてくれた。1980年頃にウインドマティック社から受注を受けて、最初の大口顧客となった。

1981年より自社の設計によるブレードの生産を開始した。設計者は、自社のボート設計者であったベント・アナセン（Bent Andersen）とスコウボであった。空力理論については、リソ国立研究所のトロルス・フリース・ペーターセン（Troels Friis Petersen）とフレミング・ラスムセン（Fremming Rasmussen）氏が指導した。

このような競争過程を通じてLMグラスファイバー社のみが残った要因としては、次のような点が挙げられる。第一に技術である。特に、グラスファイバー技術に優れていたスコウボの役割が大きかった。第二に、多角化しており、リスクを分散できたことである。そして最後に、長い経験をもった優秀な人材が豊富にいたことである。

現在、LMグラスファイバー社の従業員は2,000人を超し、海外（インド、スペイン）でもライセンス生産している。

LMグラスファイバー本社工場で出荷を待つブレード

❺ そのほかの部品メーカー

　ユトランド半島内の主要部品サプライヤーには、そのほかに次のような企業がある。制御盤、通信システムのメーカーには、ミタ・テクニカ社(Mita Teknik A/S)、KKエレクトロニクス社（KK Electronics A/S)、そしてメカニカル・ブレーキにはスヴェンボー・ブレークス社（Svendborg Brakes A/S）がある。それ以外にも、サービス会社、メンテナンス会社、据付け用クレーン・メーカー、風力発電機輸送会社、コンサルタント会社など、様々なサーポーティング企業がある。

4 デンマークの風力発電技術革新能力

　第1章で述べたように、今日世界の風力発電機の約半数がデンマーク製で占められており、日本でも同様にデンマーク製の風力発電機が多数を占めている。環境問題への関心の高まりに伴い、わが国でも風力エネルギーへの関心が高まっている中で農業国と見なされることの多いデンマークの風力発電機が競争力をもち得たのは、これまで記述してきた粉挽き風車に発する地縁技術と文化が大きな役割を果たしている。この伝統は、さらに農業地域であったユトランド半島の農機具鉄工所や鍛冶屋にもつながっている。

　また、技術者間のネットワークという点でも伝統が重要な役割を果たしていたことがわかった。かつて粉挽き風車が使われていたとき、風車小屋は村の情報交換の場であったという。そもそも社会階層の差がほとんどないデンマークでは、技術者間の情報交換だけでなく設計者、技術者、職人の関係も階層的ではなく、これらの間での情報交換が自然エネルギーを利用する上において有益であったといえる。そして、農業機械を中心とした鉄工所あるいは鍛冶屋間のネットワークは、風力発電機の部品供給ネットワークにもつながった。つまり、ギアや発電機を除いて大部分の部品が地域内のサプライヤーから供給されているのだ。

技術者の情報交換で重要な役割を果たしたのは、政府が設立した研究機関であるリソ国立研究所のテスト＆リサーチ・センターであった。ここでは、メーカーの垣根を越えて技術者間の意見交換があったという。テスト＆リサーチ・センターは風力発電機の設置者の補助金獲得のための認証機関でもあったわけだが、政府による産業への支援といえるのはこの補助金制度のみで、少なくとも産業化が進展した戦後においてはメーカーに対する補助金などの産業政策的な支援はとられていない。

　このようにフラットな社会構造の基礎をつくったのが教育制度である。ドイツに地理的に近いデンマークではドイツ的な親方・徒弟制度がかつてはあったというが、現在では日本の小中学校にあたる国民学校卒業後の職業教育がそれに代わっている。職業教育は、商業学校と技術学校に分かれるが、後者の場合、3年の修学期間の3分の2を現場実習、残りの3分の1が学校での学習という構成になっており、若い労働力の供給源ともなっている。また、ポール・ラ・クールのアスコウや大型風車を自ら建設したツヴィンのようなフォルケホイスコーレが、生涯にわたる教育制度として風力エネルギー利用の技術、社会的含意について啓蒙的な役割を果たしたのはいうまでもない。

　以上のように、デンマークの風力発電機産業の発展過程を振り返るとき、跳躍的な革新がすべてではなく、伝統的な知恵、知識に出発する漸進的な進歩が世界レベルでの競争力をもたらす場合もあることを示している。フラットな社会構造、生産現場と設計の密接な意思疎通、地域内での部品供給を可能とする産業集積など、デンマークと日本の中小企業の間には多くの共通点を見いだすことができる。日本でも、改めて伝統的に培われてきた技術からの漸新的な革新を見直す必要があるのではないだろうか。

COLUMN

ヴェスタス社と NEG ミーコン社の合併

　本書の仕上げも最終段階にあった2003年12月13日、衝撃的なニュースが飛び込んできた。何と世界市場シェア第1位のヴェスタス社と第3位のNEGミーコン社が合併するという計画を発表したのだ。どちらもデンマークの企業で、合併が実現すると国内の市場シェアは何と80.3％（2002年のヴェスタス社のシェアが49.5％、NEGミーコン社の市場シェアが30.8％、データはいずれもBTM[2003]による）にまで達する。世界市場でも36.5％となる。

　発表された計画によると、合併は新会社の発行する株式をNEGミーコン社の株と交換する形で進められる。合併後の社名はヴェスタス・ウインド・システム株式会社（Vestas Wind Systems A/S）となる。本社は、現在、NEGミーコン社の本社が置かれているラナース（Randers）に置かれる。会長とCEOはヴェスタス社から、副CEOはNEGミーコン社から起用される。

　現時点で合併の背景はまだ明らかではないが、NEGミーコン社が2003年に入り、大幅に業績を低下させてきたことが背景にあると思われる。コペンハーゲン株式市場での同社の株価の推移を見ても2003年10月までは比較的大きな変動もなかったのが、11月に入り、およそ90クローネから30クローネも下落し、11月は60クローネ台で推移していた。このようなことから、今回の合併はヴェスタス社によるNEGミーコン社の救済合併の色彩が強いと思われる。デンマークの英字紙〈コペンハーゲン・ポスト〉の記事でも、今回の合併で利益を得るのはNEGミーコン社であろうと報じている（2003年12月18日付）。

　合併によって企業規模が拡大し、デンマーク風力発電機産業の伝統とも言える現場からの声は、次第に経営者やエンジニアに聞こえにくくなる可能性がある。合併が、新会社によって吉と出るか否かは、非常に注目される。

　日本市場では、NEGミーコン社が旧ミーコン社の時代より日本市場に早くから浸透してきた。NEGミーコン社は100％出資の日本法人をもっており、ヴェスタス社も日本支社をもっているため今後の日本国内市場での調整も注目されるが、ヴェスタス社の日本支社からは現時点での報道発表以上のコメントはもらえなかった。それにしても、今回の合併は世界市場での上位企業同士の合併であり、独占禁止政策上も様々な問題が予想される。EUの競争委員会がどのような判断を下すのかも注目される点である。

第4章
ドイツの風力発電技術

ドイツ・ニーダーザクセンの風力発電機
写真提供:ケアステン・ウォバン氏

ドイツは、近年、急速に風力発電導入に熱心になり、一挙に世界一の風力発電能力をもつに至った。また、風力発電機についても着実にそのシェアを高めてきている。

2002年末時点でドイツの風力発電能力は11,968MWとなっており、2位のスペイン（5,043MW）を倍以上の差で圧倒的に引き離している。2002年はまた、ドイツにとって記録的な年であった。1年間で新規設置された風力発電機は、定格出力で測って3,247MWと、わが国が2010年の累積発電能力として目指している3,000MWをたった1年で超えているのだ[1]。1年間に世界中で設置された風力発電機の44.9%がドイツで据え付けられことからも、ドイツの風力発電がいかに急成長しているかがわかる。

地域的には、北部の海に面したニーダーザクセン（Niedersachsen）州やユトランド半島の根元で、デンマークと国境を接するシュレースウィヒ・ホルシュタイン（Schleswig-Holstein）州に多くの風力発電機が設置されているが、

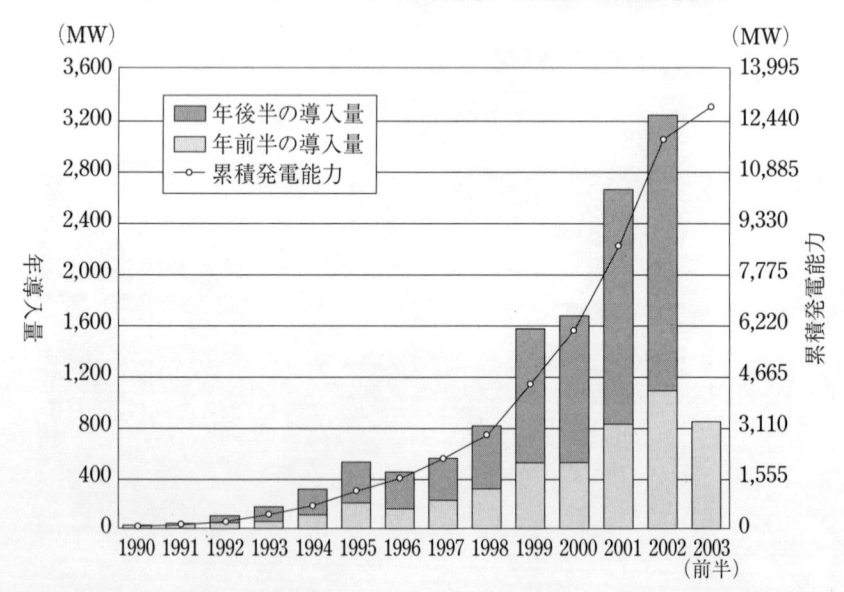

図4－1　ドイツにおける風力発電、導入量と累積発電能力

出所：Ender [2003] p.9 Fig.2。

シュレースウィヒ・ホルシュタイン州の場合のように消費電力の26.24％が風力によって賄われている所もある。

　それだけでなく、風力発電機産業、風力発電機のメーカーも急成長している。従来より、ドイツの風力発電機メーカーは世界の市場シェアの上位にエネルコン社とタッケ・ウインドテクニク社という2社が入っていた。1994年の累積発電能力シェアでは、エネルコン社が7位、タッケ・ウインドテクニク社が8位であった。しかし、この1994年に新規に設置された発電機の能力で測るとエネルコン社が3位、タッケ・ウインドテクニク社が4位と上位に位置する。それが2002年になると、エネルコン社は新規投資分では2位、累積で測っても3位と文字通り世界のトップメーカーの一つになっている。とは言うものの、ドイツの風力発電機産業がデンマークに対して当初立ち遅れたのは事実である。

　このような、風力発電機産業のスタートでのもたつきの背景にはいったいどのような要因があるのだろうか。この章では、ドイツの風力発電の技術変遷を戦前から現在に至るまで展望してみよう[2]。

1 第二次世界大戦前

(1) ベッツによる風車工学

　ドイツの風力発電技術の開発において重要な特徴は、科学的、論理的な開発への指向性である。このような風力エネルギーに関する理論的な基礎を築いた研究の中でも特に重要なのが、ゲッチンゲン（Göttingen）大学の空気力学研

---

[1] いずれも BTM［2003］による。ドイツ風力発電研究所（DEWI: Deutsches Windenergi-Institut）の最新データによると、2003年6月末で累積発電能力は12,828MWとなっている。Ender［2003］p.6.
[2] ドイツ語の人名、地名などのカタカナ表記については、龍谷大学経済学部専任講師のナディア・ウェルホイザー（Nadja Wellhäußev）氏にご指導いただいた。

究所の教授であったアルベルト・ベッツ（Albert Betz、1885～1968）による研究である。

ゲッチンゲン大学の空気力学研究所は、もともと飛行船の研究開発のために1907年に設立された機関で、空気力学に関する理論研究のメッカであった[3]。しかし、飛行船が廃れて飛行機に取って代わられると、飛行機の開発にもかかわるようになった。近代風車のブレードは、揚力を利用して回転する。そのため、飛行機の空気力学と風車は関連が深い。

ベッツは1920年に発表した論文の中で、風のもつエネルギーからどれだけのエネルギーを風車によって利用できるかを明らかにした[4]。ちなみに、風のエネルギーを風車によって機械的な動力に変換する空気力学的効率を「パワー係数」という。ベッツは、このパワー係数が最大でも16／27、すなわち約59.3％となることを明らかにした[5]。この比率を「ベッツの限界」と呼んでいる。ベッツの限界によりパワー係数の上限が明らかにされ、この上限を目指して様々な研究や技術的工夫が試みられた。今日、最も普通に見られる3枚翼の発電用風車のパワー係数は40％前後で、伝統的なオランダ型風車はせいぜい15％のパワー係数しか得られない。

（2）ホンネフの巨大風車計画

戦前のドイツには、想像を絶するような巨大風車計画があった。カリスマ的エンジニアともいわれるヘルマン・ホンネフ（Hermann Honnef）によるいくつもの計画である。右の写真を見るとわかるように、現代の風車を見慣れたわれわれからは考えられないような、ほとんど空想科学の世界と言ってもいいような計画である。しかしこれらは、決して空想画として描かれたものではなく、実際の建設を目指して立てられた計画なのである。

このような巨大風車の計画を立てたホンネフは、1878年に生まれた鉄塔建設の職人で、無線塔の建設では第一人者として知られていた。ドイツの親方・徒弟制度（マイスター制度）に従って15歳から建設会社で徒弟修行を始め、1907年に独立して自らの建設会社を立ち上げた。1923年頃から無線通信用の塔の建

設に従事するようになり、ここで高い塔の建設に関する経験を積むと同時に高い建築物のための気象データの収集を始めた。これが、ホンネフが風力発電に関心をもつきっかけとなり、1930年頃に本格的に風力発電の研究を開始した。

ホンネフのアイデアが公になったのは1932年のことであった。ナチ政府の高官を前にして講演するとともに、『*Windkraftwerke*（風力発電所）』という書物を刊行している[6]。彼が発表した風力発電機の計画は、何と高さ430メートル、ローター径160メートル、出力60MWというとてつもない大きさのものであった。彼がこのような巨大な風車を計画したのは、ドイツを燃料の輸入から解放するためであった。彼の詳細な計算によれば、風力による発電は他の発電手段に十分対抗できるだけの経済性をもっているはずであった。つまり、通常の発電方法に比べて3分の1程度の安さであるとホンネフは考えていた。

ホンネフの『*Windkraftwerke*（風力発電所）』の表紙

　ホンネフの構想した風力発電機の特徴は、先ほども述べたように何といっても巨大という点である。彼は、風力発電機の高さを250メートル以上、そしてローター径は60メートル以上を推奨している。それ以外に、一つの塔に複数の風車を取り付けている点も大きな特徴である。細かい技術的な特徴としては、「二重反転方式」と呼ばれる発電機の仕組みが挙げられる。これは、風車の回転が低速でも効率的に交流発電するために発電機の電機子と界磁をそれぞれ別

---

(3) 橋本毅彦［1993］p.18。
(4) ベッツによる理論展開はBetz［1926］で見ることができる。
(5) パワー係数やベッツの限界については、松宮［1998］pp.65-69や、牛山［2002］の第5章において比較的平易に説明されている。
(6) Honnef［1932］。

図4－2　ホンネフの巨大風車（通常時）　　図4－3　強風時のホンネフの風車

の車軸に付けて反対方向に回転させ、実質的に高回転での発電を実現させる仕組みである。

　もう一つは、図4－2と図4－3を比べればわかるように、強風時には風車が傾いて水平になって風をよけるという仕組みで、100トン以上の風車をモーターによって傾けようというアイデアであった。

　ホンネフの構想はナチの支援も受けて1937年に「4ヶ年計画」に入れられ、大衆車フォルクスワーゲンやスポーツカーの設計で有名なフェルディナンド・ポルシェ（Ferdinand Porsche）などが開発に参加することになった。そして、1940年代初めにローター径8メートルおよび10メートルの試験機が建てられた。これは、彼の技術的特徴であった二重反転方式を採用していた。しかし結局、一連のテストで思わしい成果が得られないまま開発は中止され、巨大風車構想はまさに絵に描いた餅に終わってしまった[7]。

　戦後もホンネフは、彼自身の巨大風車計画の実現に努力し続けた。しかし、1946年、ドイツ最大の電力会社ライン・ウエストフェーリシェス電力（RWE: Rheinisch-Westfälisches-Elektrizitätswek）のエンジニアであるオスカー・レー

ベル（Oskar Löbel）がホンネフの提案を詳細に検討して、矛盾する点や計算間違いを明らかにし、ホンネフとの間で激しい論争が展開されることになった。

ホンネフの計画に参加していたのが、当時30歳代のオーストリア人、ウルリッヒ・ヒュッターであった。ヒュッターは1910年、チェコのピルゼン（Plzen）に生まれた（42、88ページも参照）。当時、チェコはオーストリア帝国の一部で、チェコスロバキアとして独立するのは第一次世界大戦の終盤、ドイツ、オーストリアの敗色が濃くなってからである。

ヒュッターは、ウィーンとシュツットガルトの工科大学で航空工学を学んだ。学生時代からヒュッターは高い能力をもち、同時に野心に満ちた天才的エンジニア、アーティストとして知られていたようである。1930年代の終わりから、ワイマールにあった国有の風力発電機会社のヴェンティモトア社（Ventimotor）でチーフエンジニアとしてヒュッターは、新しいウインドタービンの開発とテストに取り組んでいた。ヴェンティモトア社において理論研究、実験を重ねた結果、1942年、ウィーン工科大学に学位論文を提出した。

論文のタイトルは「最もコスト的に効率的な風力発電機のサイズとコンセプトの決定（Beitrag zur Schaffung von Gestaltungsgrundlagen für Windkraftwerke）」というものであった。よりよい風力発電機をつくるためには、効率性を高めることと軽量化することが最も重要であるというのがこの論文の結論であった[8]。ヒュッターは、学生時代に空力的に優れたグライダーの設計でも知られていたが、この理想的な風力発電機の概念もグライダー設計の経験を反映したものであった。

---

(7) Spera [1998] p.93。
(8) Gipe [1995] p.78。

2 第二次世界大戦後——ヒュッターの活躍——

(1) 1940年代

　ヒュッターは、前述のベッツが勤務していたゲッチンゲン大学の空気力学研究所で研究していた経験もあり、風力発電機の設計に臨む際の基本的な原点を科学的研究に置いていた。先ほど述べたように、設計の目標は高い効率性で、そのために軽量であることを目指していた。このような考え方から出てくる風力発電機は、ブレードの数が少なく、また幅も狭く、エアロダイナミックな形状であった。そして、軽量構造のブレードを高速で回転させようというコンセプトであった。

　ヒュッターは戦後、ドイツ南部に位置するバイエルン州南西部のスワビア（Swabia）の通商当局とスワビア電力（EVS）によって1949年に設立された「風力研究グループ（Studiengesselschaft Windkraft）」の支援を受け、このようなコンセプトに基づいた小型で洗練された軽量構造の風車を設計していった。このようなヒュッターの設計思想を象徴するのがシングルブレードの風車で、これはヒュッターのユニークさを象徴するような、従来型とはまったく違う発想に基づいた風車であった。

　通常の風車は、抗力や揚力によって風車を回転させ、その回転運動によって発電タービンを回すという構造である。しかし、ヒュッターのこのシングルブレードの風車は、「羽の回転によりその中の空気が遠心力によって外に追い出される力を利用」[9]してタービンを回転させるという仕組みであった。とはいえ、このユニークなタービンも技術的、資金的な問題がゆえに完成しなかった。

　第二次世界大戦直後のヒュッターは、1940年代後半に直流の 7 kW の小型風車を設計したり、1952年に交流発電で送電網に接続可能な小型風車タービンを

建設するなど、小型風車を中心に活動を続けた。この風力発電機は、アルガイア社（Allgaier）という機械メーカーによって25基が生産されたが、維持費が高くて商業的には成功しなかった[10]。

（2）W34

　その後、ヒュッターは政府と電力会社の支援を受けて、1950年代における最も重要な開発である「W34」という風車タービンの開発に携わる。W34は、洗練された科学的な風車設計を目指していたヒュッターの、面目躍如たる非常に革新的な風力発電機であった。基本コンセプトは、ヒュッターが提唱していたように、空力的な効率性を高め高速回転で発電するというものであった。そのために、ブレードは2枚でガラス強化複合材（Glass Reinforced Composite）でつくられており、大変に軽かった。ローター径は34メートルで、ローターの正面が風下に向くダウンウインドであった。制御はピッチ角の変化によってなされ、ローターの向きは動力によって動くアクティブ・ヨーを備えていた。

　特に注目すべき点は、ハブが「ティーターリング・ハブ（振り子軸）」という仕組みを採用していることである。これは、風の急激な変化に柔軟に対応することで風車の破損を防止する仕組みで、の

W34
出所：Heymann［1996］Abb.4。

---

(9) 橋本［1993］p.101。
(10) Heymann［1998］p.653、注42。

ちにわが国の機械技術研究所が開発してヤマハ発動機が生産した風車にも採用されたメカニズムである。発電機は出力100kW交流発電で、一般の電力網に接続していた。

W34は、1957年にシュッテッテン（Stutten）の試験場でテストが始まった。しかし、わずか3週間後に嵐のためにシャフトやブレードが破壊されてしまった。そして、それが理由で風力の可能性に関心を失った電力会社の支援が途絶え、1959年5月まで修理と運転再開には至らなかった。その後、テストは再開されたが、結局、1968年8月に撤去されるまで4,200時間にもわたる実験にだけ使われた。

このような一連の風力発電機開発に対して、1956年にEVSのエンジニアであるローランド・クラウスニッツァー（Roland Clausnizer）は、風力利用に関する最終的な結論を電力会社に提出した。このレポートでは、ドイツにおける風力発電の可能性をまったく認めていなかった[11]。時期的にほぼ同じ頃にデンマークでユールがテストしていたゲッサー風車に比べると、その成果は十分とは言えないことがわかる[12]。

（3）グロヴィアン（Growian）

このような失敗にもかかわらず、ヒュッターの科学的かつ技術的に洗練された風車コンセプトは高く評価されていた。1970年代に入ってからのオイルショック以降にアメリカで始まった、メガワットクラスの大型風力発電機開発プロジェクトにおいてもヒュッターの設計思想は重視され、NASAからの相談も受けることになった。

ドイツの政界、産業界は再生エネルギーに懐疑的であったが、1974年に入って研究技術省（BMFT: Bundesministerium für Forschung und Technologie）が風力エネルギーの研究支援を決定した。この研究プログラムは、その頃にシュツットガルト大学の教授になっていたヒュッターが指導することになった。そのためもあって、ドイツはアメリカと同じように大型風力タービンの開発を目指すことになった。

ヒュッターは、先に失敗したW34の大型化を構想し、まずローター径80メートル、出力1MWという大型機を提案した。さらに、大型のローター径160～200メートル、出力10MWという構想もあった[13]。この大型風車建設にあたり、BMFTはすべての電力会社に協力を依頼した。しかし、どこの電力会社もそれに応じることはなかった。電力会社は、風力エネルギーについて技術的にも経済的にも非常に懐疑的だったのである。

1978年、再度の要請に対してハンブルグ電力（HEW: Hamburgische Electrictäts-Werke）がしぶしぶ応じた。彼らも大型風車の意義を認めたわけでは決してなく、様々な政治的思惑からの判断だった。よって、HEWと、それに協力したシュレースヴィ・ホルシュタインの電力会社シュレスヴァグ（Schleswag）およびライン・ウェストフェーリシェス電力（RWE）が負担したのは、開発資金のわずか5％にしかすぎなかった[14]。

1979年、ドイツの主要電力会社は、研究技術省の資金援助とヒュッターの技術指導、そして機械会社のMAN社（Maschinenfabrik Augusbrug-Nürnberg）の協力を得て世界最大の風力発電タービンの建設を開始した。この風力発電機は「巨大風力エネルギー」を意味する「グロヴィアン（Growian: Grosse windenergie anlage）」と呼ばれた。グロヴィアンは、タワーの高さが100メートル、ローター径も100メートル、出力は3MWという、当時としては抜きんでた大

グロヴィアン

出所：Divone [1998] p.125, Fig 3-35より転載。

---

(11) Heymann [1997] p.118。
(12) ポール・ガイプ氏は、W34をアメリカの大型実験機「Smith-Putnum」と比較して、W34に一定の評価を与えている。その要因としてガイプ氏は、グラスファイバーなどの新素材の採用、空力学へのヒュッターの深い理解などを挙げている。Gipe [1995] pp.79-80。
(13) Heymann [1998] p.657。
(14) Heymann [1999] pp.123-124。

きさであった。

　ミュンヘンのドイツ博物館の学芸員で、ドイツの風力発電に関していくつもの著作があるマティアス・ハイマンによると、この大きさは技術的な理由から決まったのではなく、宣伝のために世界一にこだわった政治的要因で決定されたという[15]。そういった理由の信憑性をうかがわせるのは、当時、タワー頂上まで届くクレーンがなく、MAN社はタワーを20メートル低くして80メートルにするように提案したが、研究技術省（BMFT）がこれを拒否し、そのため建設費が高騰してしまったというエピソードである。

　グロヴィアンは1983年に完成した。しかし、完成後4年間でわずか420時間しか運転されずに1988年に解体されてしまった。原因は、金属疲労、ベアリングやギアの欠陥、そしてブレードについた霜であった。建設途上でも設計変更が続き、建設費は予定の2倍となる9,000万マルクに上り、建設期間も2倍になるなど、完成前にすでに様々な問題を抱えていた。

　グロヴィアンを継承する意欲的な設計が、航空機メーカーとして知られているメッサーシュミット・ベルコウ・ブロム社（MBB: Messerschmidtt-Bölkow-Blohm）によって提案された「グロヴィアンⅡ」という風車である。この風車の設計は大変進歩的で、1枚翼ではあるが10MWという大出力を目指していた。しかし、この構想を具体化するにあたっては、ずっと小型化され、最も大きいもので640kWとなってしまった。

　この風車は、1枚翼であることにちなんで「モノプテロス（Monopteros）」と名付けられた。何基かが生産されてテストが続けられたが、採算性のないことが明らかになり、メッサーシュミット・ベルコウ・ブロム社は1990年代初めに生産中止を決定した。その理由は、1枚翼という構造から維持管理が大変困難であったためである。

　ヒュッターは、フォイト社（Voith）という機械メーカーの270kW機も設計した。これもヒュッターの設計思想、すなわち軽量ブレードを高速回転させるというコンセプトに基づいていた。実際につくってみるとブレードの回転が安定せず、安定させるためにはブレードを短くせざるを得なかった。しかし、このような改造は全体のバランスを損ね、ヒュッターが目指した高い効率性とい

う目標は達成されなかった。

以上のようなドイツにおけるメガワットクラスの大型機と200kWから400kWぐらいまでの中型機の開発は、研究技術省（BMFT）すなわちドイツ政府からの財政的支援によって進められてきた。アメリカの風力発電研究者であるガイプによると、1974年から1992年までにドイツ政府が風力発電の研究開発に費やした金額は1億7,800万ドルに上るという[16]。また、1977年から1991年の間、19の民間企業および研究機関の46件の研究プロジェクトが政府の補助金を得たという[17]。

このようにドイツでは、政府主導による大型風力発電機開発は技術的には最

表4－1　MAN社のエアロマンの仕様

ローター径	12.5メートル
定格出力	40kW
風に対する向き	アップ・ウインド
ブレード数	2
ブレードの素材	ポリエステル／グラスファイバー
ピッチ角	可変
ブレーキ	機械式
オーバースピード	エアロダイナミクス
ギアボックス	シュプール（3速）
発電機	誘導発電機
回転速度	1800rpm
電圧	460ボルト
ヨー	アクティブヨー
タワー	シェルタイプ

出所：Lynette and Gipe ［1998］, P.162, Table4-4。

---

(15)　Heymann［1998］p.657。
(16)　Gipe［1995］p.73　Table 3.1。
(17)　Johnson and Jacobsson［2000］p.10。

先端の技術を生み出したが、それが商業的な成功には結びつかず、また風力発電の普及にも貢献しなかった。

一方、小型風車については、政府の補助を受けられないため開発資金が不足していた。さらに、電力会社も風力発電の導入に消極的であったことも小型機の発達には妨げとなった。唯一の例外は、「エアロマン（Aeroman）」と名付けられた MAN 社の小型機が1980年代初頭に成功を収めたことである。

3 1990年代以降

図4－1からもわかるように、1990年にあったドイツの風力発電能力は非常にわずかなものでしかなかった。それが、10年後の2000年には6,000MW を超えるまでに急増した。その後も、急ピッチでの風力発電機設置傾向は変わらず、2002年には1年間で3,247MW を新規に設置し、これまでに設置されたものと合わせて、2002年末、風力による発電能力は何と約12,000MW に達している。このような急増の背景には、再生可能エネルギーに関する政策の変化があった。

ドイツは1990年代に入ると、風力エネルギーに関する政策の幅を広くする。1990年以前には、もっぱら技術開発、研究開発支援であった。しかし、1986年にチェルノブイリで原子力発電所の事故が起きた後、エネルギー政策は方向を大きく変えることになった。風力エネルギーの市場拡張と研究開発という需要と供給の双方を支援するように転換し、その結果が爆発的ともいえる急増につながったのである。このような急増を実現するための市場拡張政策として、投資補助金と電力の固定価格による買い取り、そして低利の融資という三つがあった[18]。それぞれについて簡単に補足しておこう。

❶100／250MW 計画と投資補助金

ドイツでは、1989年に風力発電の供給能力について100MW という目標を設定した。この目標は1991年には250MW へと上方修正され、この目標を達成す

るために、風力発電所新設プロジェクトに出力 1 kW 当たりについて200マルクの補助金を出した（上限は10万マルクであった）。これによって、風車の投資コストに対して最大で10％程度の補助金が得られたという。

❷固定価格による電力買い取り

1991年に「電力供給法」（EFL: Electricity Feed Law）が制定され、電力会社は再生可能資源によって発電された電力を買い取らなければならないという義務を課せられた。買い取り価格は、消費者価格に対して、再生可能エネルギーの種類ごとに定められた65％ないし90％の一定率をかけた金額とされる。風力発電については、買い取り価格は電力消費者価格の90％とされた。例えば、1996年の場合、1 kWh 当たり0.1721ドイツ・マルクであった。これは、デンマークでの買い取り価格より約10％高かったという。

このような高コストの電力の買い取り義務が風力発電の活発な地域の電力会社に課せられるのは不公平であるという議論から、2000年 4 月に「再生可能エネルギー法」（EEG: Erneuerbare Energien Gesetzes）が制定された。この新しい法律によって、再生可能エネルギーによる発電電力の買い取りによる負担を全電力会社が均等に負担し、買い取り価格も固定することとなった。

❸低利融資

環境保護地域での風力発電設置にあたっては、連邦金融機関である「ドイツ均等化銀行（Deutsche Ausgleichsbank）」と「ヨーロッパ復興基金（ERP: European Recovery Programme）」によって、市場金利より 1 ～ 2 ％低い金利で融資を受けることができるとされた。この資金によって投資額の75％がカバーされ、地元銀行からの融資で12～15％、そして補助金によって 5 ％を賄うと、自己資金は本当に少しで風力発電機に投資することができた。

---

(18) Redlinger, Andersen and Morthorst ［2002］ pp.206-209。

4 現在のドイツの風力発電機産業

　ドイツでは、国内市場の急成長につれて国内の風力発電機産業も活発になっている。第1章でも見たように、出力で測った2002年のメーカー別新設風力発電機の市場シェアのベスト10には、エネルコン社、ノルデックス社、リパワー・ジステムズ社の3社が入り、さらに13位にデ・ヴィンド社、15位にフーアレンダー社（Fuhrländer）がつけている。これら5社を合計すると、2002年に新設された風力発電機の30.5％がドイツ製ということになる。第1章でも少し触れているが、ここで各社の概要を見ておこう。

❶エネルコン社

　エネルコン社は、1984年にアロイス・ヴォベン（Aloys Wobben）が風力発電機のメーカーとして創業したのを出発点としている。翌1985年に最初の風力発電機「E-15/16」を開発し、販売を開始した。出力は55kWであった。その後、80kW機（E-17）、300kw機（E-32）と毎年開発を続けていった。

　エネルコン社の風力発電機といえば増速ギアをもたないギアレスとして知られているが、世界で最初のギアレス機は、出力500kWの「E-40」として1993年より販売を開始した。同じ1993年にローターブレードの社内生産工場を設置し、翌1994年には発電機の量産設備、そして1999年にはスウェーデンにタワー生産会社を設置するなど、主要部品の社内の生産体制を整えている。

　大型化にも積極的で、2001年より「4.5MW機（E-112）」の開発を開始し、2002年および2003年にその試作機を建てている。また、量産機でも2MWの「E-66/20.70」という大型機をもっている。技術的特徴としては、ギアレスのほか、可変速、多極同期発電機、ピッチ制御といった最近の潮流に沿った最新技術を採用している。インドやブラジル、トルコにも生産拠点を設け、世界的な販売ネットワークをもっている。

2003年12月1日現在で、これまでに建てた主要な風力発電機は、230kWのE-30を473基、600kWのE-40を3,601基、1MWのE-58を166基、そして1.5MWのE-66が1,846基となっており、総計で5.5GWに達している[19]。2002年の単年で見ると、新規設置の発電機は1,334MW、市場シェアは18.5％で世界第2位である[20]。日本では、北海道の苫前町に建設されたウインドファーム（ドリームアップ苫前）に1.5MW機が5基導入され、これが同社のメガワットクラスの大型機としては日本最初である。

❷ノルデックス社

ノルデックス社は、もともとデンマークユトランド半島中部の町ギーヴェ（Give）で1985年に創業した風力発電機メーカーであった。1987年に、当時としては世界最大の250kW機を開発した。1996年、ドイツのグループ企業バブコック・ボーズィッヒ社のバルケ・ドゥール社によって買収され、現在は同じバブコック・グループのボーズィッヒ・エネルギ社（Borsig Energy）の一員となっている。

風力発電機メーカーとしては1986年に設立されているが、40年以上の歴史をもつ機械メーカーを母体としている。最初の製品は、1987年に開発された「225kW機」で、ドイツに生産設備を設けたのは1992年のことである。2001年にフランクフルト市場に株式を上場し、2002年末の時点で量産機種としては最大の2.5MW機（N80）を生産している。

❸リパワー・ジステムズ社

2001年1月に、風力エネルギー分野で活動していたヤコブス社（Jacobs Energie GmbH）、フスマー・シフスヴェルフト社（HSW: Husmer Schiffswerft）など、二つの企業が合併して設立された新しいメーカーである。最近5MW機の開発に取り組んでいる。また、スペインなどにも関連会社をもっている。

---

[19] Enercon社のホームページ（http://www.enercon.de/englisch/unternehmen/fs_start_unternehmen.html）による。
[20] BTM [2003] p.15, Table3.1。

❹デ・ヴィンド社

　北ドイツの町、リューベックにあるデ・ヴィンド社は、1995年に設立されたメーカーである。もともと、風力関係の分野に従事していた5人のエンジニアたちによって設立された。最初の製品は1996年の500kW機で、2002年末時点で2MW機までの製品をもっている。同社も、リパワー・ジステムズ社と同様に5MW機の開発を始めている。

❺その他

　ライン地方にある1960年代から続く金属加工会社で、1980年代より風力発電の分野に携わってきたフーアレンダー社、第1章で紹介したヴェンシス・エネルギー・ジステム社なども風車開発に携わっている。特に、ヴェンシス・エネルギー・ジステム社の四つのローターを一つのタワーに取り付けた10MW機の構想は、かつてのホンネフの巨大風車を連想させるような外観でとても興味深い。

ヨーロッパ風力エネルギー協会の会議で配布されていたヴェンシス・エネルギー・ジステム社10MW機構想のパンフレット

5　ドイツの風力発電技術革新能力

　風力発電技術の技術開発の方向として第3章で見たデンマークは、地域の伝統に根ざした地縁技術から生まれ、生産現場の知恵から出発し先端の科学的知

識を備えた研究機関が生産現場と同じ立場に立って開発する「ボトムアップ型」であった。それに対してドイツの場合は、最先端の技術を研究している科学者が主導し、政府や大企業が中心となって開発を進めていく「トップダウン型」と言っていいだろう。戦前、巨大風力発電による全国的な電力網を構想したホンネフは鉄塔職人で、親方・徒弟制度で修行した典型的なドイツ職人である。しかし、同じ職人と言ってもデンマークの大工や鍛冶屋が自分の周辺で使う小型の風車開発にかかわってきたのとはまったく違う巨大風車の世界である。

やはり、ドイツの風力発電技術開発を代表するのはヒュッターであろう。彼は典型的な科学者で、理論に基づいた理想的な風車を目指した。すなわち、軽量のブレードを使い高回転させるというものである。ハブ周りにも、ティータリング・ハブなど様々な先進的工夫を凝らした。その具体例がW34である。

そして、その後に開発されたグローヴィアンには、研究技術省という政府機関が開発に参加することで「効率的風力発電機」という科学的な目標に加え、「大型化」という国の威信にかかわる目標が加わった。けれど、これらの先進的な風力発電機開発はめざましい成果を上げることなく終了してしまった。

ヒュッターは、もともと航空工学の研究者であった。微妙なバランスで飛行する航空機に比べると風力発電機はずっと単純な技術に思え、航空機の技術を使えば簡単に新しい風車が開発できるという思い込みもあった。これは、本書では触れていないアメリカ合衆国における風力開発においても見られたもので、半ば風力発電に対して技術的に見下したような傾向があった。先に挙げたドイツ博物館のマティアス・ハイマンは、このような態度を「技術的傲慢さ」と評するだけでなく、「技術への熱狂」とか「ハイテク陶酔」とも呼んでいる[21]。

ヒュッターは、同じ時期に風力発電の研究に取り組んでいたデンマークのヨハネス・ユールと並び称される風力発電機研究の第一人者であった。しかし、このような「技術的傲慢」と言われるような理論重視の傾向をもち、経験を重視する姿勢をとったユールやそれに追随したリーセーアなどに勝つことができなかったのである。

---

[21] Heymann [1996] p.668。

第5章
オランダの風力発電技術

京都府の丹後半島にある太鼓山風力発電所の
オランダ製風車（ラーヘルウェイ社の750kW機）
写真提供：京都府企業局

風車といえば、オランダを連想する方が多いだろう。第2章で見たように、オランダでは様々な目的に風の力を利用してきた。ヨーロッパの中でもオランダは、風車を最も活用してきた国であることは間違いのないところである。しかし、現代の風力発電機（風力タービン）の世界で、オランダは必ずしも抜きんでた競争力をもっている国ではない。

　1990年から2000年までのオランダにおける風力発電能力の推移は、**図5－1**のようになっている。2002年末時点でのオランダの風力発電能力は727MWであり、世界で7番目、ヨーロッパでは5位に位置する。このように発電能力が少ないわけではない。しかし、国土の面積がほぼ同じで、人口が3分の1であるデンマークに比べ約4分の1の発電能力にしかすぎない。国境を接するドイツのニーダーザクセン州が、州だけで3,521MWの発電能力をもっているのを比べるとさらに少ない。

　風力発電機のメーカーという点では、2003年までオランダで唯一残っていたラーヘルウェイ社（Lagerwey）の2002年における新規設置設備能力は114MWで11位、市場シェアは1.6％である。しかし、国内市場を見るとオランダの風

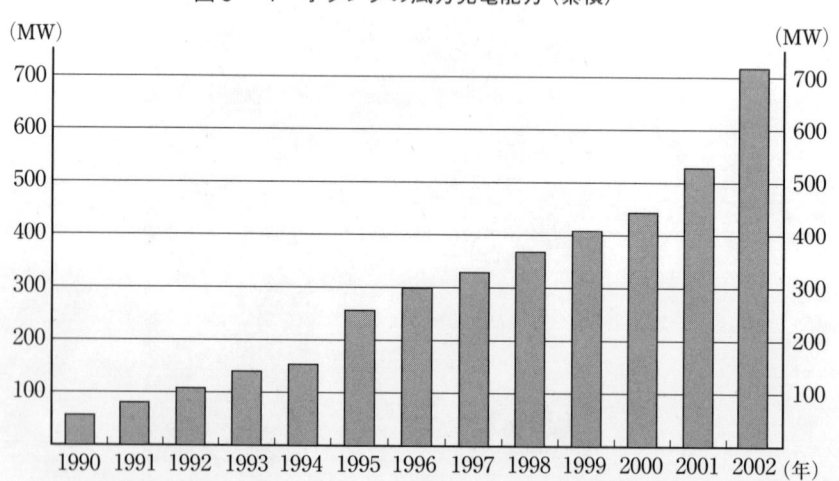

図5－1　オランダの風力発電能力（累積）

出所：Kamp［2002］p.116,Figure 3.8およびp.121,Figure 3.10。
　　　2001年と2002年はBTM［2003］のデータにより追加。

力発電機産業の市場シェアは驚くほど低い。表5−1は、オランダ国内市場におけるメーカー別シェアの推移を示している。1993年には、3社あわせたオランダ・メーカーのシェアは79％あった。しかし、市場が成長するにつれてオランダ・メーカーのシェアは低下し、その後倒産したり外国メーカーに買収されたりして、2003年になると1社で市場シェアはわずか2％にまで低下してしまう。そして、その1社（ラーヘルウェイ社）も2003年8月に倒産してしまった。

　このような数値を見ると、何故、風車の国として最も有名なオランダが現代の風力タービンの世界において主導的な地位に就くことができなかったのだろうか、というような素朴な疑問が出てくるのは当然であるし、またオランダが風力発電に関心がなかったわけでもない。もちろん、風車の伝統をもつ国として風力発電機の開発には取り組んできたが、その試みがこれまでのところ成功していないということなのだ。

　ここでは、オランダの風力発電機開発の試みについて展望し、オランダが風力発電機開発に成功しなかった理由を考えていこう。

表5−1　オランダ国内市場（各年の新規増設出力で測定）のメーカー別シェア（％）

メーカー	国	1993年	1997年	2002年
ネドウインド	オランダ	40	11	−
ウインドマスター	オランダ	28	30	−
ラーヘルウェイ	オランダ	11	0	2
ミーコン*	デンマーク	15	22	13
エネルコン	ドイツ	4	0	10
ヴェスタス	デンマーク	0	20	57
ボーナス・エナギー	デンマーク	0	17	3
その他	−	2	0	15

注：ミーコンは、1997年以降はノータンクと合併して NEG ミーコンとなった。1993年と1997年の数値は、ノータンクとミーコンを合計している。またラーヘルウェイは、1998年にウインドマスターと合併した。
出所：1993年と1997年は、Kamp [2002] p.121, Table3.2、2002年は、BTM, World Market Update 2002, p.77, Fig. AP-11b.

1 伝統的風車の衰退[1]

　数百年にわたってオランダで使用されてきた風車の衰退が始まったきっかけは、蒸気エンジンの登場であった。1835年には3,000基あった風車が1890年には1,800基に減少したわけであるが、同じ年、蒸気エンジンは4,000基も設置された。時代の流れは、明らかに風車から蒸気エンジンへ移っていたのである。

　デンマークでは、伝統的な粉挽き風車の技術者たちが近代的な発電用風力タービン技術の形成過程で重要な役割を果たし、またそういった技術者間の人的なつながりが風力エネルギーの利用技術についての情報交換ネットワークとなった。それに対してオランダでは、伝統的な風車技術と近代的風力発電機の技術との間に断絶があった。しかし、蒸気エンジンの発達につれて伝統的な風車が解体され姿を消すことに危惧を抱く者も少なくなかった。

　1923年になって、ファン・ティエンホーフェン博士(Dr. P.G. van Thienhoven)がオランダ風車協会[2]（De Hollandsche Molen）をようやく結成し、伝統的な風車の保存を呼びかけた。1924年には風車改良の技術を競うコンテストが開催されたりして伝統的な風車の世界と技術者の間に接点が生まれかけたが、技術者たちは風車の将来性に期待していたわけではなかった。このような雰囲気がゆえに、伝統的な風車に近代的な知識を取り込もうという試みがあまりなされなかったわけである。

　その中での数少ない例外が、ライデン（Leiden）の風車大工デッケル（A.J. Dekker）による羽根の改良であった。デッケルは、ドイツ人エンジニアであるビラウ（K.Bilau）の影響を受けていた。ビラウは、それまでの木枠や翼布による風車翼ではなく、もっと堅固な形状をもつ風車翼を開発する必要性を理論的に明らかにした。デッケルは、そのビラウの理論を実際の風車翼に実現してみせた。デッケルが行った改良というのは、風の抵抗を減じるような羽根の開発であった。つまり、翼幹をシートメタルで裏打ちし、空力的にすぐれた翼

形状を生み出した。

　1928年頃から、このデッケルによって開発された羽根は多くの風車に採用されるようになり、1935年にはオランダで75基、ベルギーでは10基にこの羽根が採用された。デッケルによるこのような工夫はほかの風車大工を刺激し、何人かの風車大工が羽根の改良に挑んだ。例えば、木の板を風車翼に用い、風の当たる面積を自動的に調整できるような羽根を開発した風車大工もいた。

　このように風車そのもの技術は次第に進歩していったわけであるが、オランダではその風車を発電に利用しようという考えはあまり浸透しなかった。

2　第二次世界大戦後

　第二次世界大戦後、風車の将来性は暗澹たるものであった。多くの風車が破壊され、修理をする見込みもなかった。オランダ風車協会は警鐘を発し、新たな提案を行った。それは、風車を電気的な駆動力と結びつけて動かすというものであった。

　この提案を実現するために、1948年から1951年までの間、ベントハウゼン（Benthuizen）で風車のテストが行われた。このテストの目的は次の二つであった。

❶風車を、どこまで電気的な駆動力と接続することができるかを明らかにすること。

❷何らかの種類の駆動力を使って、それをほかの駆動力に簡単に切り替えることができるかの研究すること。

このテストを通じて、風がないときには電気モーターによって水を汲み上げ、

---

(1) 第1節と第2節は、Stokhuyzen［1962］によっている。
(2) De Hallandsche Molen。会長は LeoEndedijk。住所：Zeeburgerdijk 139 1095 AA Amsterdam。TEL：020 623 8703／FAX：020 638 3319。dhm@molens.nl www.molens.nl

風が吹いているときには風力で揚水し、さらに余剰風力で発電をするという連動（タンデム）運転が可能であるということが明らかになった。発電という面では、毎日運転される風車であれば年間に50,000kWhを発電することができるとされた[3]。

しかし、このテストを通じて新たにいくつかの課題が明らかになり、風車による発電を研究する専門研究機関の必要性が望まれた。そこで、風力発電と風車の自動化の研究を目的として、1951年に「風車発電財団(Stichting Electriciteit-sopwekking door Windmolens [蘭]、Foundation for the Generation of Electricity by Windmills [英])」が設立された。この財団は、1955年に北オランダのウェルベルスホーフ（Wervershoof）のデ・ホープ（De Hoop）という風車に、そして1958年にユトレヒト県アフティエンホーベン（Achttienhoven）のデ・クラーイ（De Kraai）という風車に発電装置を備えてテスト運転を開始した。この風車には、突風が吹いたり電力供給が停止したときの安全装置が備えられた。そして自動化は、製粉業者が風車を管理する時間から解放し、より多くの仕事ができるようになった。

一方、発電という面では、発電した電力を公共ネットワークに供給しても大した金額にならないという経済的な問題が残り、伝統的な風車は発電に適さないという結論が下された。そして財団は、この目的のために設計された風車であるウインド・モーター（Wind motors）の開発に重点を移すことになった。ウインド・モーターの開発は1955年から1956年にかけて大手電力会社の一つによって行われたが、期待したような成果を上げることはできなかった。

その後、安価な石油が豊富に使えるようになり、原子力の可能性への期待も高まり、風力による発電は省みられることがなくなってしまった。そのままオランダにおける風力発電の開発や研究は停止してしまい、第一次オイルショックが起きる1年前の1972年にこの財団は解散してしまった[4]。

3 オイルショック後[5]

(1) エネルギー白書と風力発電の目標

　1970年代に入ってオランダ政府のエネルギー政策を転換させるきっかけとなったのは、1972年に刊行されたローマクラブの『成長の限界』（大来佐武郎訳、ダイヤモンド社、1972年）と、1973年に起きた第1次オイルショックであった。
　オランダでは、都市ガスについては中央政府が全国に張りめぐらされたネットワークをコントロールしていた。しかし、電気部門については、県や市町村が支配権をもっており、『エネルギー白書』も部門ごとに別々に発行されていた。しかし、1974年になって初めてオランダ政府の経済省は、各エネルギー部門を統合した『第1回　エネルギー白書（*Eerste Energie Nota*）』を発行した。
　1974年のこの白書で示された新しい政策では、エネルギー消費量の削減と、エネルギー源の多様化が二本柱であった。多様化といっても、具体的に代替エネルギーが見つかっていないのが実状であった。したがって、化石燃料に代わりうるような新エネルギー源の開発までの間、エネルギー消費の節約だけしかできなかった。
　そのような中で、オランダ政府は原子力に対して大きな期待をよせており、それを唯一の代替エネルギー源と考えていた。他方で、太陽光や風力など代替エネルギー源の可能性も無視できなかった。しかし、風力以外のエネルギー源については技術的困難が予想され、開発の中心は風力エネルギーに置かれた。
　オランダ政府は1979年から1980年にかけて2冊目の『エネルギー白書（2e En-

---

(3)　4年間にわたるテストの結果は、1951年にレポートにまとめられ配布された。
(4)　Verborg［1999］p.140。
(5)　本節から第7節までは、Verbong［1999］、Kamp［2002］による。

ergie Nota)』を発表した。この白書では、風力による発電が石炭や天然ガスによる発電に比べてコスト高であること、風力エネルギーに対する信頼性が低いこと、発電した電力をいかに保存するのかということ、またグリッド（送電網）への接続はどうするのかといった様々な問題があるため、風力が基本的な電力システムの主な代替手段とはならないと考えていた。また、景観上の問題から、都市化された地域に沿った海岸では、大規模な風力発電所の建設は禁止された。

このように様々な制約があるにもかかわらず、風力による発電能力についての目標は非常に高い水準に設定された。例えば、1976年にスタートした風力エネルギーに関する国家研究プログラム「NOW-1」では、ローター径50メートルのタービンを3,400基設置し、総発電能力5,000MWという目標を掲げていたし、新しい白書では2000年までに1,500～2,500（平均2,000）MWを目指すとされていた。また、NOWプログラムの分散エネルギーの担当者は、送電網に接続しない分散電源だけで450MWの発電が可能であると述べていたし、デルフト（Delft）にあった省エネルギーセンター（CE: Centrum voor Energiebesparing）は4,000MWと予測していた。

このような非現実的な目標は次第にとり下げられ、もっと低い目標が設定された。1983年のレポートでは、小型風力発電を使った分散型タービンも含んで2,000MWが可能とされ、さらに1985年の政府の最終結論では2000年に1,000MWにまで引き下げられた。それにもかかわらず、これらの目標や推測はいずれも当時の実態とはまだまだかけ離れた数値であった。石油多国籍企業として有名なロイヤル・ダッチ・シェル社（Royal Dutch Shell）などの大手のエネルギー関係企業は、風力エネルギーの可能性をほとんど認めていなかった。

（2）国家プロジェクトによる大型機開発

しかし、新しいエネルギー源に関する研究や意見交換のために委員会などの組織が設立された。その第一は、1974年の「国立エネルギー研究運営委員会（LSEO: Landelijke Stuurgroep voor Energie Onderzoek [蘭], The National

Steering Committee for Energy Research ［英］)」の設立である。この委員会は、様々な科学者、大学、研究機関、企業によって行われていたエネルギー関連の研究を調整し、国レベルの新しいエネルギープログラムを作成することを目的としていた。そして、オランダの産業界にこのようなプログラムや政府資金の配分基準に関心をもたせることを目指していた。

　もう一つの新しい動きは、オランダ・エネルギー開発会社（NEOM: Nederlandse Energie Ontwikkelingsmaatschappij ［蘭］）の設立である。この会社は、オランダ原子炉センター（RCN: Dutch Nuclear Reactor Centre）、オランダ応用科学研究機構（TNO: Dutch Organization for Applied Scientific Research）などの様々な研究機関の研究成果を交流させて商業的な利用を促進することを目的としていた。

　1975年1月にLSEOは、プログラム作成に関する暫定レポートを発表していた。このレポートの中で最も可能性のある再生可能エネルギー源とされたのは、太陽エネルギー（太陽エネルギーの熱への変換）、地熱、そして風力エネルギーであった。そして、風力エネルギーについては、開発すべき風力タービンのタイプ、風車相互間の風の影響、風力発電所の立地などについていくつかの問題点も指摘している。

　LSEOの成果の一つとして、いくつかの国家的なエネルギー研究のプログラムがスタートした。太陽エネルギー研究プログラム（NOZ）や、先に挙げた第一次風力エネルギー研究プログラム（NOW-1）などである。

（3）独自に進められた小型機開発

　ユトレヒト大学のリンダ・カンプ（Linda Kamp）によると、この後のオランダにおける風力発電研究は、数メガワットの出力を目標とする大型機と、数十kWレベルの発電機を開発する小型機のプロジェクトの二つに分けることができる[6]。大型機に関しては国家的なビッグプロジェクトとして推進されたが、

---

(6) Kamp［2002］p.44。

小型機についてはいくつかの小規模メーカーが独自に開発を進めていった程度であった。それらの中の代表的なメーカーとして、ファン・デル・ポル社(Van der Pol)、ボーヘス社（Bohes: Bohemen Energy Systems）、ボウマ社（Bouma）、ラーヘルウェイ社、NCH社、HMZ社などがあった。

　この中で最も古くから風力発電機をつくっていたのが鉄工建材業者であったファン・デル・ポル社で、1974年から風力発電機を生産している。ちなみに、同社は、のちに大手の電気・電子機器メーカーで大型機の開発プロジェクトにかかわっていたホレク社（Holec）に買収されている。次いで古いのがラーヘルウェイ社である。1976年から風力発電機生産に携わっており、アイントホベン工科大学との協力関係によって風力に関する知識を蓄えてきた。多くのメーカーが小型風力発電機の領域から退いていった中で同社は最後まで生き残っていたが、2003年に倒産してしまった。

4 NOW-1

（1）NOW-1と参加機関

　NOW-1は1976年に始まり、1981年までの5年間にわたって実施された。NOW-1の主要目的は、風力エネルギーがオランダのエネルギー需要に対してどの程度貢献することができるかについて判断材料を得ることであった。多額の補助金が投入され、初年度（1976年3月～1977年3月）だけで1,500万ギルダー（約900万ドル）が投入された[7]。

　この研究プログラムが、実質的にオランダにおける風力発電に関する研究の出発点であった。NOWは、単一の研究組織による集中的な研究体制ではなく、大企業や研究所、大学などの連合体で構成され、それぞれ分担をしながら研究を進めていくというシステムであった。参加した大企業は、航空機メーカーの

第5章　オランダの風力発電技術　145

フォッケル社（Fokker）[8]、総合機械メーカーのストルク社（Stork）[9]、電気・電子機器メーカーのホレク社[10]などの8社であった。研究機関としては、風の構造データ収集を担当する「オランダ気象学研究所（KNMI: Het Koninklijk Nederlands Meterologisch Instituut）」、計算プログラム開発担当の「国立航空宇宙研究所（NLR: National Aerospace Laboratory）」、風力発電機の後流効果（wake effects）[11]研究を担当する「オランダ応用科学研究機構（TNO）」、電力網の中への風力発電の統合を研究する研究機関「ケマ（KEMA）」、そしてプロジェクトの統括は「オランダ原子炉センター（RCN）」[12]が担当することになった。そして大学からは、文献収集担当のアイントホベン工科大学（Eindhoven University of Technology）、小型垂直軸の発電機開発担当のグロニンゲン大学（Groningen University）などが参加した。最も風力発電に懐疑的であった電力会社はこの共同研究には参加しなかったし、電力の消費者も不参加であった。

　政府の担当部門は経済省であったが、プロジェクト内部の調整は先に述べたLSEOやNEOMなどの第三者機関にゆだねていた。また調整機関としては、これらの2機関に加えて、1977年に政府にエネルギー問題に関してアドバイザーをする「総合エネルギー評議会（AER: Algemene Energie Raad）」と、風力エネルギー研究と太陽エネルギー研究の協力と調整をする「エネルギー研究プロジェクト局（BEOP: Bureau Energie Onderzoeks Projecten［蘭］, Bureau of Energy Research Project［英］）」が設立された。

---

(7)　Kamp［2002］p.44。
(8)　1911年創業の航空機メーカー。1996年、ストルク社に吸収され、現在はストルク社の航空宇宙部門の一部になっている。詳しくは、ホームページ www.fokker.com/ を参照。
(9)　1827年創立。1996年に同社はフォッケル社を吸収している。詳しくは、ホームページ www.stork.nl を参照。
(10)　1962年設立。詳しくは、ホームページ www.holec.com/ を参照。
(11)　後流（ウエイク）とは、空気が風車翼を通過した後の乱れを指す。
(12)　オランダ原子炉センター（RCN）は、1976年にオランダエネルギー研究センター（ECN: Energieonderzoek Centrum Nederland）と改称した。

（２）垂直軸風力発電機と水平軸風力発電機

　NOWでは、風力による発電がどの程度利用できるかを判断するデータ収集が重要な課題であったため、当然、どんなタイプの風車が効率的であるかを明らかにすることも重要な課題となった。そのために実験的な風車を建てることになったわけだが、その実験の対象として「垂直軸風力発電機（VAT: Vertical Axis Turbine）」と「水平軸風力発電機（HAT: Horizontal Axis Turbine）」の2種類が候補に挙がった。

❶垂直軸風力発電機（VAT）

　垂直軸タービンは、設計・建設をフォッケル社、計測器をストルク社、測定プログラムをRCNという分担で、1975年から1976年にかけてスキポール（Schipol）のフォッケル社の敷地内に建設された。基本的な形式はいわゆるダリウス型の風車でローター径は5.3メートルであった。

　この実験機を使って様々な実験がNLRやRCNの下で行われた。例えば、翼弦の形状やブレードの枚数によって風速が変化したときの空力的な効率性がどのように変化するか、ブレードの歪み、全体およびブレードの振動、緊急時の発電機の挙動、発電機周辺の後流効果などのデータが集められた。

　それまで垂直軸風力発電機の空力的挙動についてはあまり知られていなかったため、運転を始めると、ブレードの振動が激しくて騒音がすごいという問題などが出てきた。とはいえ、多くのデータが集められた結果、より大きな垂直軸風力発電機による実験の必要性が望まれた。それを受けて、1981年にフォッケル社がローター径15メートルのものを、造船会社のレイン・スヘルデ・フェロルメ社（Rijn-Schelde-Verolme）が25メートルの発電機をそれぞれ設計した。NOW-1の評価レポートは、水平軸風力発電機と比較するために、早急にどちらかの発電機を建てることを推奨したが、同年、ECN（旧RCN）のテスト場に建てられた5メートルの垂直軸風力発電機が半年後に損壊してしまったという事故のために実現しなかった。

第5章　オランダの風力発電技術　147

❷水平軸風力発電機（HAT）

水平軸風力発電機の実験は、1977年の半ばより1978年の後半にかけて実施された。NOW-1の試算によると、コスト・パフォーマンスが最も高いのは、ローター径80メートルの3MW発電機であるということであった。このように巨大な発電機は1970年代後半にはほとんど建てられておらず、未知の世界であった。そのため、リスクを避けるためにローター径25メートル、出力300kWという大きさになった。この発電機はストルク社とECN（旧RCN）によって設計され、ストルク社（プロジェクトの全体的管理を担当）、フォッケル社（ブレードの製作）、ホレク社（電気システムを担当）、ラーデマーケル社（Rademaker）（ギアを担当）によるコンソーシアムによってECNの敷地内に建設された。

ローター径25メートル、出力300kWの水平軸風力発電機

出所：Verbong［1999］P.144 Fig.1.

このプロジェクトに参加していたメンバーはほとんどすべてが大学出のエンジニアで、同じような価値観を共有していた。彼らがもっていた価値観とは、洗練された計算に基づいた設計を重視するというものであった。この点、デンマークの風力発電機開発に携わっていた人々が、エンジニアだけでなく農機具の職人や風車大工などの大学卒業者ではない「地縁的技術」者を含んでいた点と比べると対照的である。

このプロジェクトによる水平軸風力発電機の特徴は、上の写真のようにブレードが2枚であるという点である。設計時の選択肢として、ブレードの枚数は1枚、2枚、3枚と三つあった。1枚ブレードは、技術的にリスクが高いために選択されず、3枚はコストがかさむということから2枚ブレードに落ち着いた。これ以外の理由としては、1枚ブレードはドイツで、3枚ブレードはデンマークでそれぞれすでに実験されており、データを入手することが可能であっ

た。その点、2枚ブレードはまだどこも実験していなかったので新しいデータを収集できるというメリットがあった[13]。

もう一つの特徴は、ブレードの角度、すなわちピッチ角を油圧で90度変えることができる可変ピッチであった点である。また、ヨー制御とブレードの回転速度のコントロールにも特徴があり、そして風速の変化に影響されずに安定した電圧で発電するよう発電機にも工夫がこらされていた。

NOW-1による実験プロジェクトの目的は将来の量産機開発のためのデータ収集であったので、様々な測定機器が搭載され、それらのスペースを確保するために出力に比べて大きくつくられていた。

新しい特徴、多くの測定機器、大型化など様々な要因によって、この水平軸風力発電機の実験機は高価なものになってしまった。総額860万ギルダー（約510万ドル）という経費は、すべて経済省によって賄われた。そして、運転開始にこぎつけたのは1981年6月29日のことで、NOW-1プロジェクト終了間際のことであった。

（3）ティップヴェーン

NOW-1プロジェクトが始まる前の1973年、非常に革新的で将来性があると考えられるアイデアがデルフト工科大学（Delft University of Technology）のファン・ホルテン（Van Holten）によって出された。そのアイデアとは、ブレードの端に付けられた「ティップヴェーン」と呼ばれる小さな補助翼で、これによって風車の効率性が著しく向上し、ベッツの限界を超えることすら可能であるというものである。1977年、このアイデアは、NOW-1の枠組みの中で積極的に研究されることになった。

ファン・ホルテンのアイデアを簡単に説明すると次のようなものであった。
両端の口の大きさが違う筒の狭い方を前にして空気の流れの中に置くと、広い方の口で気圧が下がって吸引効果が生じる。ティップヴェーンを付けるとこれと同じような効果が得られ、その結果、発電機を抜ける空気の速度が上昇して発電機の能力が高まるというものである。15％のコストアップで、得られる

第5章　オランダの風力発電技術　149

エネルギーは60～70％上昇するということであった。多くの研究者がこのアイデアに関心をもち、数学的モデルの研究が進められた。そして資金が、デルフト工科大学で進められていたティプヴェーンの研究に集中された。

図5-2　ティップヴェーン

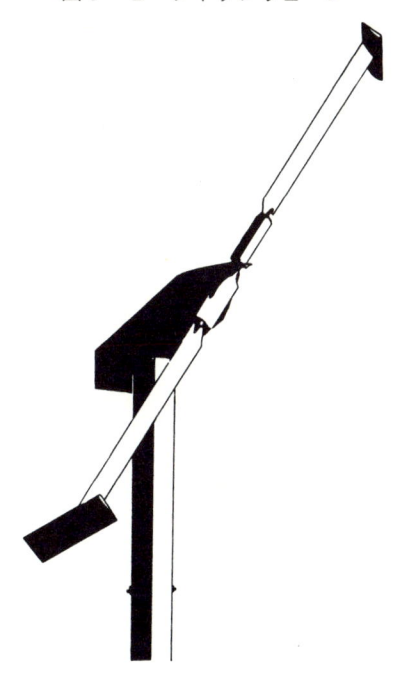

ティップヴェーンは、NOW-1に引き続いてNOW-2でも研究された。NOW-2では、ティップヴェーンの効果を実証することが試みられた。また、風洞実験では、数学モデルの予測通り空気の渦流（whirl）の発生が確認された。しかし、実機を用いた実験では、渦流が発生するのは非常に狭い風速の範囲だけであることが明らかになった。その後、ティップヴェーンを付けるブレード本体を新しいものに代えるなどして実験が続けられたが、理論的に予測した通りの結果は

出所：Verbong［1999］P.145 Fig.2.。

得られなかった。国立航空宇宙研究所（NLR）も実験に加わってさらに継続して実験が繰り返されたが、期待されたような効果は得られず、結局1985年になってこのティップヴェーンの研究は停止となった。

　NOW-1を通じて得られた一般的な結論は、風力エネルギーが長期的な可能性をもつことは認識しつつも、大規模な風車タービンを実現するためにはより多くの研究開発が必要であるということであった。しかし、この研究プログラムに参加した多くの企業、研究所、大学などの参加者は、この結論には賛成したものの、将来の方向となると意見は必ずしも一致しなかった。特に、電力会社、産業、研究機関の代表は大型風車の研究開発に批判的であった。とりわけ、

⒀　Kamp［2002］pp.51-52。

電力会社は風力エネルギーの将来性に懐疑的であった。このような電力会社などを、風力エネルギー開発の中に取り込むことが次の課題となった。

5 NOW-2プロジェクト

1981年12月の経済省による新プログラム「NOW-2」が承認された。NOW-1では、民間企業、特に電力会社が積極的でなかったという点を省みて、その電力会社を計画に巻き込むことに重点が置かれた。NOW-2は1981年から1990年まで継続し、このうち1981年から1984年の第1期で3,700万ギルダー（約2,200万ドル）が用意され、これらすべては経済省の予算によって賄われた。オランダの風力エネルギー開発における一つの特徴は、このように政府主導で計画が進められた点にある。

新プログラムの主要な要素は以下の四点で、4番目のウインドパークについては経済省が特に重視していた。

❶より大きく、より先進的な水平軸風力発電機（HAT）
❷多ローターの風力発電機の研究
❸小型の商用発電機（10～16メートル）
❹10MWのウインドパーク

（1）垂直軸風力発電機（VAT）

NOW-1に続き、水平軸風力発電機とともに垂直軸風力発電機も平行して開発された。前述のように、垂直軸タービンはフォッケル社がローター径15メートルのものを、レイン・スヘルデ・フェロルメ社がローター径25メートルのものをそれぞれ設計し、結局フォッケル社のローター径15メートル、出力直流100kWの発電機が採用された。この垂直軸風力発電機は、アムステルダム市エネルギー会社（Municipal Energy Company Amsterdam）の発注でアムステルダ

ム郊外のハースペルプラス（Gaasperplas）に建てられた。

　これによって、NOW-1以来の課題であった電力会社の風力発電機開発プログラムの参加がようやく実現した。この垂直軸風力発電機は数年間にわたり運転され、様々な計測データが収集された。これらの計測の結果、さらに研究開発費をつぎ込めば水平軸発電機と競争しうる垂直軸風力発電機の開発も可能であるという結論に達した。しかし、「さらに研究開発費をつぎ込めば」という条件は実質的には開発継続を否定することを意味し、その後の開発計画から垂直軸風力発電機は脱落することになった。設計を担当したフォッケル社は計測にはかかわったが、建築などの主要な役割は果たさず、その後1985年頃には風力エネルギー開発から撤退した。

（2）水平軸風力発電機（HAT）

　NOW-1の項で述べたように、水平軸風力発電機はNOW-1プロジェクトの終了間際の1981年に運転を開始した。運転の主要目的は計測によって、設計時に用いた数理モデルの妥当性を検証することであった。もう一つの目的は、ブレードにかかる力の測定であった。計測にあたっては、ECNやフォッケル社、ストルク社、NLRなどの参加グループが定期的に会合をもって意見交換を重ねていった。その結果の共通認識は、「大型のコスト効率の高い風力発電機が多数必要である」というものであった。

　この水平軸風力発電機は、すでに見たようにピッチ制御を備えていた。しかし、計測を通じて、ピッチ制御には根本的な問題があることが明らかになった。つまり、実際の風は局所的に頻繁に変化している。このような細かい風の変化にピッチ角の調整が対応できないという問題であった。「HAT-25」と呼ばれた水平軸風力発電機による計測は、1985年までの4年間続けられた。

　試験・計測を主な目的とした水平軸タービンプロジェクトと平行するように、商業用水平軸タービンの開発も始まった。ストルク社は1982年に商業用発電機の開発を発表し、翌年の1983年には設計が開始された。この商業用発電機はHAT-25を元に開発され「Newecs-25」と呼ばれた。

商業用発電機の設計で重要な点はコストの削減であった。プロトタイプのHAT-25が直流発電機、油圧ピッチコントロール、カーボンファイバー製のブレードを採用していたのに対して、Newecs-25ではピッチ制御は採用したものの、発電機は交流発電機、ブレードはポリエステル製といったように非常に安価な素材を用いていた。ちなみに、出力は300kWであった。

このNewecs-25は3機生産された。最初に導入したのは、オランダ南部ゼーラント（Zeeland）県の電力会社PZEM社であった[14]。しかし、1983年に運転が開始されてすぐにブレードが2本とも破損するという事故が起きてしまい、運転が再開されたのは1984年8月であった（この事故をきっかけに電気ブレーキが備えられた）。2機目を導入したのは、オランダ南部のスヒーダム（Schiedam）の電力会社であった。そして、3機目はキュラソー島（Curaçao）のコデラ（Kodela）電力会社に納入された。それぞれの運転の成果は地域によって大きく異り、風が一定の方向から吹くキュラソー島やゼーラントでは稼働率が90％を超すこともあったが、工業地帯の港に近く風の変化が激しいスヒーダムでは60％以下であった。

Newecs-25は商業用発電機として設計されたものである以上、当然、量産に入ることが期待されていた。そのためには買手、すなわち需要がなければならなかった。1982年にオランダ政府は風力エネルギーと貯蔵、300kW機を15基建てる試験的なウインドパークの建設に合意し、量産機の需要が生まれた。このようにウインドパークの建設は、NOW-2の重点課題の一つだったのである。設置場所は、フリースラント（Friesland）県のセクスビールム（Sexbierum）と決まった。広さは50ヘクタールであり、300kW機を24基建てることができ、総出力は7.2MWとなる予定であった。風力タービンの仕様は、出力300kW、ピッチ制御、翼長30メートルであった。これらの数値からもわかるように、基本コンセプトはHAT-25やNewecs-25の延長上にあるものであった。

参加企業としては、外国企業は排除されてオランダ企業だけとされた。しかし、財務的保障が求められたために小規模メーカーは参加できず、参加したのはストルク社とホレク社の大手2社だけとなった。ストルク社はNewecs-25などで風力発電機開発の経験があったが、ホレク社にはそのような実績がなか

ったために、同社は小規模発電機メーカーであったファン・デル・ポル社を買収した。しかし、このウインドパークの経営を担っていた発電会社の協同組合とストルク社の間に開発モデルの仕様をめぐって対立が生じた結果、結局、すべての発電機をホレク社にまかせることとなった。ただし、建設コストが予想以上に高騰したため、予定した24基ではなく18基のみが建てられることになった。

　一方、セクスビールム（Sexbierum）のウインドパークから閉め出されてしまったストルク社は、1983年、出力1MWというより大きな商用タービンである「Newecs－45」の開発にとりかかった。最終目標は、NOW-1の試算によって最も効率的とされた3MWであった。同社はこの開発プロジェクトを遂行するために、新しく「ストルク－FDO-WES社」という子会社を設立した。Newecs-45の基本設計はNewecs-25のコンセプトを踏襲し、制御方法としてピッチコントロールを採用した。ブレーキは空力ブレーキをメインとし、ローターが停止したときに固定するパーキングブレーキを備えた。さらに、緊急時に備えて翼端に小さなパラシュートを入れ、ローター回転速度が速くなりすぎたときにはこのパラシュートが開いて回転速度を下げるという仕組みとなっていた。大きさはローター径が45メートル、塔の高さが60メートル、ブレードは2枚でグラスファイバー（GFRP）製であった[15]。

　この開発プロジェクトに関心をもったのは、北オランダの電力会社PENであった。PENはストルク社との共同開発に参加し、資金も分担をした。そして、Newecs-45はオランダ北部のメデムブリク（Medemblik）に建てられ、1985年12月に運転を開始した。

　最も効率的と考えられていた3MW機については、ストルク社、フォッケル社、ホレク社の3社による企業連合体が1983年2月に開発に着手した。この

---

(14) 同社は、同時にポレンコ社（Polenko）の小型風力タービンも導入している。Kamp [2002] p.66。
(15) ブレードを金属でなくグラスファイバーでつくったのは、電波障害を避けるためであった。しかし、機械メーカーであったストーク社にはグラスファイバーに関してあまりノウハウがなく、外部から知識導入せざるを得なかった。Kamp [2002] p.73。

3MW機は、「グロハット（Grohat）」と呼ばれた。この企業連合体に加え、電力会社（特に、電力会社の研究機関であるKEMA）と経済省も参加して、NOW-2の一環として予算が確保された。1984年に技術的な仕様が決定され、翌1985年には「エネルギー・環境技術に関する産業協議会（Industrial Council for Energy and Environment Technology）」によって承認された。しかし、前述のようなNewecs-25のトラブルやドイツのグロヴィアンの失敗から、巨大な3MW機ではなく、ローター径30メートルのスケールモデルが建てられることになった[16]。

Newecs-25のトラブルは、中心メーカーであったストルク社の内部にも亀裂を生じさせた。このようなトラブルによる巨額の支出は、同社の取締役会でも問題となった。様々な議論の結果、1987年、ついに18基のNewecs-45の生産延期、そして海岸地域向けの1MW機であったNewecs-40と1.5MW機のNewecs-50の開発中止が決定された。経済省によるグロハットの開発継続の要請にもかかわらず、結局、ストルク社はそのままグロハット開発から撤退してしまった。その後、ストルク社は、以下に説明するフレックスハット（Flex-hat）に参加するとともに、子会社のストルク－VSH社によるブレード生産を通じてオランダの風力エネルギー開発にかかわることとなった。

グロハットのスケールモデルは、フレキシブル・ローターに関する研究から始まった。このプロジェクトは「フレックスハット」と呼ばれた。フレックスハットの目的は、中型、大型風力発電機に利用可能で、コストを30％低減させるような先進的な部品の開発とテストであった。

1987年11月、HAT-25のブレードはフレックスハットで開発されたブレードに交換された。このブレードで、空力特性、疲労特性、可変ピッチなどが1989年6月から1992年までテストされた。

NOW-2から始まったもう一つの研究課題は、多翼風力発電機の開発であった。多翼風車を積極的に推進していたのは、省エネルギーセンターのディレクターであるポトマ（Th.Potma）だった。彼は、多翼風車が経済性の面で秀れていると考えていた。彼のつくった比較的小型の多翼風車はうまくいったが、その後に計画したより大型の多翼風車は資金援助を得ることができなかった。

このため、多翼風力発電機開発という課題も途中で行きづまってしまった[17]。

このように、NOW-2で試みられたHAT-25、Newecs-25、Newecs-45、そしてグロハットやフレックスハットといった風力発電機の開発プロジェクトは、いずれもはかばかしい成果を上げることができなかった。

6 風力エネルギー統合プログラム(IPW)

2期間にわたるNOWが終了してもオランダ国内の風力発電機設置能力は予定を大幅に下回っていた。NOW-2の計画では2000年までに450MWであったのが、1985年時点でわずか6.5MWにすぎず、目標達成は非常に困難になっていた。そこで、1986年から1990年まで実施された風力エネルギー統合プログラム（IPW: Integraal Programma Windenergie）では政策の重点が変えられたのである。

これまでのNOWなどの政府による開発プログラムでは、技術開発に支援が限られていた。しかし、技術開発を促進するためには、開発した発電機を販売するための国内市場をまず育成しなければならないと考えられるようになった。そこで、国内市場育成のためにIPWでは、以下の二つの目標が掲げられていた[18]。

❶商業用タービンの開発。
❷2000年までに、1,000MWの設置を目指し、中間段階として1990年までに100～150MWを設置。

最初の目標である商業用発電機の技術開発に対する補助金について政府は、業界全体への一律の補助金支給を廃止して新しい選択方法を導入した。1986年の時点で、大型・小型合わせて24ものメーカーがオランダにはあった。政府は、

---

(16) 立地場所としては、セクスビィルムのウインドパークが選ばれた。
(17) Verbong［1999］p.151。Kamp［2002］p.80。
(18) Verbong［1999］p.152。

表5－1　IPWの下での投資補助金

年	IPWの補助金（kW当たりオランダギルダー）
1986	700
1987	650
1988	400
1989	250
1990	100
1991	0

出所：Kamp [2002], p.108, Table3.3を転載。

補助金の対象をプロジェクトの競争によって選択することとした。応募したのは18社で、その中から6社が選ばれた。競争に勝ち残ったのはベレワウト社（Berewoud）、ボウマ社（Bouma）、ラーヘルウェイ社、NCH社、ニュウィンコ社（Newinco、元ポレンコ社）、トラスコ社（Trasco）の6社で、これらオランダのメーカーに対する補助金は総額1,400万ギルダーに上った。それだけでなく、ベルギーのHMZ社とデンマークのミーコン社への補助金も認められた。

　第二の目標である導入量の拡大は、投資補助金による国内市場育成策によって大きく促進された。特に、電力会社が風力発電の導入に参加し始めたことが大きな変化をもたらした。1988年の国内市場の約80％が電力会社による購入であったという[19]。その電力会社を中心として、いくつものウインドパークが建設された。一方、デンマークで市場拡大の推進力となっていた協同組合による風力発電機所有は、オランダの場合はあまり一般的ではなかった。

　また、風力発電機を買う際に補助金を得ることができるのは、ECNの試験場で行われる「制限付性能認証（BKC: Beperkt Kwaliteits-Certificaat）」と呼ばれる認証テストに合格したものでなければならなかった。ラーヘルウェイ社の75kW機やミーコン社の250kW機など7社の製品がこの認証テストに合格した。

　補助金は、出力に応じて金額が決定されるという仕組みであった。このプログラムがスタートした1986年には1kW当たり700ギルダー（約400ドル）で、これは風力発電機を建てている費用のおよそ30％に相当した[20]。この金額は初年度の1986年が最高で、次第に減少していった（表5－1参照）。この仕組みによって、ほとんどのメーカーは少しでも早く大型機を出そうという行動に走った。1988年の認証テストに合格したものの中に、すでに250kW機が2機種含まれている。

第5章　オランダの風力発電技術　157

　オランダの風力発電機メーカーは、この時期、世界の大型機市場の最先端を占めていた。しかし、十分な経験をもたないまま大型機を開発したため、様々な技術的問題を引き起こしてしまった。そのため、出力が大きいわりには国際競争力をもつものではなかった。

　研究開発に対する補助金についても先進的な発電機に補助金が降りたため、多くのメーカーは先進技術、大型化のための研究開発に取り組んだ。ベレワウト社とパクス社（Paques）は、それぞれ「RWT」、「KEWT」[21]と呼ばれる先進的な風力発電機の開発に取り組んだ。RWTはダウンウインド型で、ローター径16メートル、出力80kWであった。KEWTはアップウインド型で、出力は160kWであった。RWTとKEWTは、フレックスハットで使われたフレックスビーム（Flexbeam）やパッシブ・ブレード・ピッチ制御などの先進的な技術を盛り込んだ製品であった。

　このような先進的技術開発の結果、多額の研究開発費が会社の経営を圧迫するようになった。資金問題を解決するために多くの合併が行われ、その中でも1986年に合併をしたベレワウト社とパクス社はRWTとKEWTの開発を継続した。しかし、KEWTは、ECNでの認証テストに合格することができなかった。RWTの方は認証テストには合格したものの、ごく少数しか売れなかった。結局、1988年にベレワウト/パクス社は倒産してしまった。

　そのほかにもニュウィンコ社とボウマ社が合併してネドウインド社（Nedwind）となり、ホレク社とウインドマスター社（WindMaster、元のHMZ Netherlands社）が風車事業を統合した。このようにして、オランダの風力発電機産業は多くの企業の乱立状態から少数企業の寡占へと移っていった。

---

[19]　Kamp［2002］p.107。
[20]　Gipe［1995］p.41。
[21]　RWTは「収益性の上がる風力発電機」、KEWTは「コスト的に有効な風力発電機」というオランダ語の頭文字をとったものである。Kamp［2002］p.110。

7 TWIN プログラム

　IPW の後を受けてスタートしたのが、「TWIN (Application of Wind Energy in the Netherlands)」と名付けられた支援プログラムである。これは、1992年に始まって1995年まで継続した。このプログラムでの風力発電機の設置目標は、1995年に400MW、2000年に1,000MW、2010年に2,000MW、また同じ2010年に200MW のオフショア（洋上）風力発電所を設置するという目標もあった。それらの設置目標と並んで、風車の改良、大型風力発電機の開発、産業発展を科学的に支援するということも目標とされていた。

　そもそもオランダの風力発電機開発では、科学的研究を指向する傾向が強かった。しかし、技術的には先端といえる RWT と KEWT の失敗によってその方針が変えられ、実際の風力発電機生産に応用できるような科学研究のみが研究補助金を得ることができるようになった。

　オランダにおける風力発電機の設置には、古くから立地場所の問題がつきまとってきた。風力発電機には、騒音、景観などのように周辺住民の生活環境を乱す要素があり、それらの問題は風力発電が普及するにつれてますます深刻化していった。この問題の解決策の一つとして、風力発電機をバラバラに建てるのではなくウインドパークとして一ヶ所にまとめ、しかも大型化するという方法が挙げられた。

　このような地域の要請もあって、風力発電機メーカーはこれまで以上に大型機の開発に取り組むことになった。1992年、ネドウインド社が500kW 機を開発・販売し、ウインドマスター社は750kW 機を開発して試作機を立ち上げた。それまで小企業や農民を買い手とする小型風車を専門としていたラーヘルウェイ社までもが250kW 機の開発をスタートした。同じ1992年、ネドウインド社は500kW 機を大型化して1MW 機とするための開発を始めた。そして、この1MW 機は、1994年に ECN の認証試験に合格するまでに至った。

しかし、このような大型機の開発は各メーカーに経営危機をもたらすことになった。まず、1996年にラーヘルウェイ社が経営危機に陥り、ストルク社との合併が検討された。この合併案は結局成立せず、ラーヘルウェイ社は自社の社内組織再編によって危機を乗り越えた。その後、1998年7月にネドウインド社がNEGミーコン社によって買収されてしまい、同年12月にはウインドマスター社が倒産して設備と従業員はラーヘルウェイ社に買い取られ、オランダで風力発電機を生産する会社は、結局、ラーヘルウェイ社の1社になってしまった[22]。

8 現在のオランダ風力発電機産業

そのラーヘルウェイ社も2003年に倒産してしまい、現在、オランダには風力発電機メーカーはなくなってしまった[23]。ここでは、このラーヘルウェイ社を中心に、現在のオランダ風力発電機産業を簡単に振り返っておこう。

ヘンク・ラーヘルウェイ（Henk Lagerweij）が最初の風力発電機の実験に取り組んだのは、第一次オイルショックが起きた1973年のことであった。この実験機は、ローター径2.4メートルで木製のブレード、定格出力2.2kWという小規模なものであった。1979年にラーヘルウェイ／ファン・デ・ルンホルスト社（Lagerwey/Van de Loenhorst）として会社を組織した。当時の製品は、2枚翼の15kW機（LW 10/15）であった。そして、1980年に3枚翼の「LW 11/15」を開発したが、1985年、石油価格の低下のために売れ行きが低下し、ラーヘルウェイ／ファン・デ・ルンホルスト社は閉鎖された。そして、翌1986年に新たにラーヘルウェイ・ウインドタービン社（Lagerwey Windturbine B.V.）を設立した。

---

[22] Kamp [2002] pp.112-128。
[23] 第1章でも述べたように、ラーヘルウェイ社から独立した技術者が2000年に設立したゼフィロス社というメーカーもあるが、まだまだ小規模で、統計に設置台数などの数値は上がってきていない。

この頃はちょうどIPWが実施されていた時期であり、第6節で見たように、ほかの小規模発電機メーカーはこぞって大型機の開発に取り組んだ。そして、主要な販売先を小企業や農民から大規模な電力会社へ変えたのである。しかし、ラーヘルウェイ社だけは従来からの顧客を見放さなかった。例えば、1990年におけるほかのオランダメーカーの製品の買い手を見ると、ネドウインド社が51％、ウインドマスター社の場合には100％が電力会社であるのに対して、ラーヘルウェイ社における電力会社のシェアはわずか7％にすぎなかった[24]。

NOW-2から多翼風力発電機の開発が行われてきたオランダにおいて、ラーヘルウェイ社は1986年頃に6枚翼の75kW機を開発している。この6枚翼発電機は、ロッテルダム近くのマースブラクテ（Maasvlakte）に建てられた[25]。ブレードに発生する振動周波数や後流効果などの問題が発生し、多翼風力発電機はコントロールするのが格段に難しいということがわかり、結局、多翼風力発電機の開発は停止された。

1992年、同社において大型の250kW機（LW27/250）が開発され、1996年にはさらに大きい750kW機（LW50）の試作機が完成した。この750kW機は、それ以前の同社の製品とはまったく異なる技術を用いていた。従来型の誘導発電機を750kW機に用いると熱の発生などの問題があると考えた同社は、可変速で増速ギアを用いないで、多極同期発電機を回転させることに成功し、これがその後のラーヘルウェイ社製風車の特徴となった。

ちょうどこの頃より海外市場へも進出するようになり、インドに最初のラーヘルウェイ社製の風車が建てられた。日本で初めてラーヘルウェイ社の風力発電機が建てられたのは1998年のことであった。沖縄県の浦添市の80kW機と、同じ沖縄県の宜野座市に設けられた250kW機の2基であった。さらに、同じ1998年の12月には、三重県久居市に750kW機を4基建てるという大規模な開発計画の一端を担った。

1998年、同社はベルギーのHMZのオランダ法人であったウインドマスター社を買収し、ラーヘルウェイ・ザ・ウインドマスター社（Lagerwey the Windmaster）となった。2001年に、出力2MWという大型機の開発を始め、2002年にはその試作機を建てるまでに至った。

同社の可変速ギアレス機は騒音が低いという特徴からも、近年、日本で多くの発電機が設置されている。しかし、地元オランダを含め、日本以外での販売ははかばかしくなかった。特に、風力発電の新規設置が盛んなドイツや、デンマーク、アメリカではほとんど売れていなかった。わずかにスペインで、2002年の市場シェア2.5％を得ているのが主な販売先であった。このような中で、2002年の12月頃より資金繰りの悪化がささやかれていた。2003年4月には、自社から分離したゼフィロス社の持ち株を売却し、6月には製品を750kW機に集中し、それより大型あるいは小型のタイプは製品技術を売却するなどして経営再建に努めていたが、結局、同年8月に倒産してしまった。その後、同社を買収しようと名乗り出る企業がいくつかあったが、10月にアメリカの投資会社ヴィナク社（VINAK Inc.）に買収された。現在は、アメリカの発電機、モーターなどのメーカーであるアイデアル・エレクトリック社（Ideal Electric Company）の傘下に入っている[26]。

このような結果、2000年に同社から分離して2003年に完全に独立したゼフィロス社が、現在のオランダ唯一の風力発電機メーカーとなっている。ゼフィロス社はラーヘルウェイ社の技術を引き継いで2MW機を開発し、すでに試作機も建てている。しかし、量産メーカーというにはまだほど遠い段階にあると言ってよいだろう。

9 オランダの風力発電技術革新能力

　第3節で見てきたように、オランダでは風力発電機の設置に様々な目標が立てられていた。それにもかかわらず、2000年時点でそれらの目標はどれも達成

---

[24] Kamp［2002］p.112, Table3.4。
[25] Kamp［2002］p.112。
[26] ラーヘルウェイ社倒産の経緯は、＜WindPower Monthly誌＞、オランダのインターネットサイト（http://home.wxs.nl/～windsh/nieuws.html）、ゼフィロス社のホームページ（http://www.zephyros.com/）によっている。

されなかった。最新の目標であったTWINでの2000年目標は1000MWであったが、実際には半分以下の473MWにしかすぎなかった。2002年時点でも、727MWにとどまっている[27]。しかも、1社だけ残った国内メーカーだったラーヘルウェイ社も2003年に倒産してしまった。

このような現状を見ると、かつで風車王国であったオランダが現代の風力発電機産業において成功を収めているとは言い難い。オランダの技術開発の特徴は、政府が主導になって機械、航空、造船といった大企業が中心になって進めてきたという点にある。大学も重要な役割を果たしていたが、ドイツのヒュッターのような先導的な学者はいなかった。電力会社は長らく開発への参加に消極的で、デンマークのユールのような電力会社の技術者が開発をリードするということもなかった。小型機をつくるメーカーもあったが、それらも補助金の誘導にそって発電機の大型化を進めていった。その傾向に乗らなかったのが、2003年まで唯一のメーカーとして残っていたラーヘルウェイ社であった。

オランダが風車利用の長い歴史をもつにもかかわらず、現代の風力発電機産業で成功を収められなかったのは、①政府による開発が大型機の開発を目指すという方向をとったこと、②電力会社が風力エネルギーの開発に消極的であったこと、③様々な研究機関が組織されたがそれらが必ずしも風力発電の地道な開発を目指していなかったこと、などが挙げられる。例えば、代表的な研究機関である国立エネルギー研究運営委員会（LSEO）の立場は電力会社寄りと言ってよかった。LSEOが大規模発電会社の強い影響下にあったことを物語る例として、彼らが推奨した小規模発電所は20基ないし30基の風力発電機を建てるという、一般的に見れば大規模発電所の規模であったということが挙げられる。

このことからもわかるように、最初から大型機の開発を目指したオランダであるが、結局、それは成功しなかった。政府が主導するトップダウン型の研究開発は、第4章で見たドイツの場合や、本書では取り扱っていないアメリカの場合と同じように成功しなかったのである。

---

[27] 2000年の値はBTM, World Market Update 2000, p.5, Table 2-2c。2002年の値は、BTM, World Market Update 2002, p.5, Table 2-2c。

第 6 章

日本における風力発電技術

1890年代のフェリス女学院（風車の学校）　風間六郎　画
写真提供：フェリス女学院

最近、わが国でも風力発電に注目が集まっていることは第1章でも述べた。大規模な風力発電所も北海道や青森県など北日本を中心になどで建設され始めている。2003年3月末現在、全国に576基、定格出力で463,360kWの風力発電設備が設置されている[1]。しかし、全電力に占める風力発電の割合はまだ非常に小さい。

　日本における風力発電機産業は、欧米に比べると必ずしも活発でない。それを証明するように、大部分が小型機のメーカーである。そのような中で、三菱重工がすでに設置済みの風力発電機の累積発電量で測った順位で世界市場の上位に入っている。そのほかのメーカーとしては中型機を生産していたヤマハ発動機があるが、現在、同社は風力発電機事業から撤退している。しかし、2000年に入って富士重工がこの分野に参入した。

　現状だけを見ると、日本における風力発電はほとんど実績がないと思われるかもしれない。同じ自然エネルギーである水力が水車として身近な存在であったのに比べて、確かに風力を生活に利用することはあまり一般的ではなかった。しかし、わが国にも風力利用の先駆者たちがいたのである。この章では、このような先駆者たちから現在までの日本における風力発電機の開発について展望していこう。

1 戦前

（1）日本の風力発電──黎明期

　わが国は、多雨でまた山が多いために水力は古くから利用されてきた。水車は脱穀、灌漑など様々な用途に使われてきた。一方、風については、群馬県の「上州おろし」あるいは兵庫県の「六甲おろし」と呼ばれるように害をもたらす要因でしかなく、エネルギー源として利用しようという伝統は江戸時代以前

第6章　日本における風力発電技術　165

にはほとんどなかった。

　明治時代になると、まず居留地で外国人が自宅の電力を賄うために風車を設置するという事例がいくつか見られるようになった[2]。最も古いのは、1869（明治2）年頃、横浜の根岸付近でアメリカ人が経営していた牧場に設置されていた風車だとされている。もう一つ、当時有名であったのは同じ横浜のフェリス女学院のものである。1871年から1872年（明治4～5）頃に、校舎と寄宿舎の給水用に風車を設け、横浜では「赤い風車の学校」として世間に知られていた（本章の扉ページの絵を参照）。

　1890（明治23）年には、横浜のR・シフナー（R.Shiffner）というドイツ人貿易商が、ドイツのドレスデンにあったアルベルト風車製造所というメーカーから風車・風力発電機を輸入し、自宅に電力を供給していたという。この風車は24枚の翼をもつ多翼型で、ローター径は6メートルであった[3]。これを、約6坪の風車小屋の屋根に設置していた。発電機は直流で出力は5kW、これを蓄電池60個に接続していた。そして、これで屋内外34個の電灯を点していたと伝えられている（予備として5馬力の石油発電機も備えていた）。この風力発電機は、第一次世界大戦で日本がドイツと戦争となり、その理由でこのドイツ人が帰国するまでの25年間にわたって動き続けた。

　1910（明治43）年頃には、住吉、芦屋、夙川といった阪神間の外国人用住宅に風車が建てられていたという記録もある。

横浜にあったシフナー氏の風力発電所
出所：本岡［1949］　第105図。

---

(1) NEDOのデータベース（http://www.nedo.go.jp/intro/pamph/fuuryoku/ichiran.pdf）による。
(2) 本岡［1949］p.20。
(3) 本岡［1949］p.255。

また1924（大正13）年には、滋賀県の伊吹山の彦根測候所に発電機をつけるという計画がもち上がり、それが新聞記事にもなっている。しかし、伊吹山では風速が安定せず、計画したような発電はできなかったようである。そのほかにも、全国ではいくつかの風力発電機が建てられたようである。

（2）灌漑用風車

明治になると、発電用としてではないが農村でも風力エネルギーが利用されるようになった。その草分け的な地域が、長野県の諏訪湖南の地域である。もともと諏訪で風車が利用されるようになったのは、石油が出るのではないかという期待からであった。1928年に牛山喜が発表した論文によると、下記のような話である[4]。

> 明治も初期にあたる1873（明治6）年に、阿波の井戸掘り職人である小徳という人物が諏訪にやって来た。石油が出るかもしれないという噂を聞きつけてのことらしい。小徳は一所懸命井戸を掘ったが、残念ながら石油は出なかった。しかし、掘った井戸から涌き出てきた水にはメタンガスやアンモニアが含まれており、その窒素分が稲の養分になった。小徳の掘った井戸から湧き出た水をまいた田んぼでは稲の収穫がよくなり、小徳は大もうけをすることができた。当然、これを見た地元の人々も競って井戸を掘ることになった。しかし、井戸をたくさん掘って水をくみ上げればどのような結果が訪れるのかは明らかである。水が涸れてしまったのである。そこで、もっと深い井戸を掘らなければならなくなったわけであるが、となると水をくみ出すためのポンプの動力が必要となった。その方策として、湖南村の伊藤君太郎という人物が風車を使うことを考えた。そして、1902年（明治35）に伊藤は風車を使った揚水に成功した。これをきっかけにして諏訪では多くの風車が建てられ、1907年（明治40）頃にはおよそ3,000基もの風車が立って地下から水を汲み上げ、それを肥料として稲を育てるのに使われていたらしい。

諏訪の揚水(肥培)風車は、二つの支柱の間に風車の羽根が入った簡単な構造であった。固定式で、風の方向が変化しても風車の向きは変わらない。風車の羽根の数は、8枚、6枚、4枚といろいろあったが、数が少ないと風車の回転がスムーズでなくなり、故障の原因となるということで8枚が一番よいと考えられていた。また、羽根の大きさは、8枚あるいは6枚の場合、長さが1尺8寸(約54.54センチメートル)、幅が7寸5分(約22.73センチメートル)、4枚のときにはもっと大きくて長さが3尺(約90.9センチメートル)、幅が1尺(約30.3センチメートル)であった。

諏訪の揚水・肥培風車が最盛期を誇ったのは、1904年から1910年(明治37～43)のおよそ5年間ほどで、1912(明治45)年頃になると早くも衰退し始めらしい。牛山喜は前掲論文の中で、衰退の原因として次のように述べている[5]。

第一は、風車揚水には手間がかかったという点である。風には向きや強さの変化がつきものである。風が強すぎると水のくみ上げ量が多くなり、養分が過剰になってしまう。あるいは、風が強くなったり弱くなったり変化が激しいと、アンモニアを含んだ地下水が田んぼ全体に行きわたらず風車の周囲にとどまってしまい、そのため稲の生育にムラが出るという問題もあった。つまり、このような問題を避けるためには風車の管理に非常に手間がかかった。

第二の理由として、養蚕がさかんになったことが挙げられている。養蚕が活発になるにつれて田んぼによる稲作が衰退し、それに伴って風車も使われなくなった。また、風車によって肥培するのは田植え前後の4月から6月頃であるが、蚕の飼育期もほぼ同じ頃であり、養蚕がさかんになると蚕の飼育が優先されて購入肥料(金肥)の利用が普及してきたという要因も挙げられている。

そのほかにも牛山喜が指摘する要因としては、一つの井戸から出る養分を含んだ地下水には限りがあること、メタンガスなどを含んだ地下水を汲み上げて肥料として使うと田んぼの土が軟らかくなり他の肥料がきかなくなる、ほかの肥料要素との組み合わせに問題が出る、地下水をかけた稲には虫がつきやすい、天竜川の浚渫の影響で井戸水が涸れ始めた、などの理由も挙げられている。

---

(4) 牛山 [1928]。
(5) 牛山 [1928] pp.41～43。

諏訪の風車は、明治末期に最もさかんに使われた。それに続く大正期から戦後も含む昭和期にかけて、全国各地で風車による揚水、灌漑が活発に行われている。次項で詳述する本岡玉樹が1949年に著した『風車と風力発電』(オーム社) では、1929 (昭和4) 年に茨城県谷田部町から風車灌漑の相談を受け、木製風車をつくったことが述べられている。この風車は、茨城県各地に普及し、地元の大工がそれぞれの名前をつけて製作したり、金物屋では揚水ポンプなど風車に必要な金物が売られたりしていたという。1936 (昭和11) 年頃には、茨城県下で1,000基以上の揚水風車があった。そして、これは隣の千葉県にも拡がっていったという[6]。

早稲田大学教授の中島峰広が著した「わが国における風車灌漑」(山崎・前田編『日本の産業遺産』玉川大学出版会、1986年所収) によると、諏訪以外で風車灌漑がさかんに行われていたのは、大阪府の堺市近郊、愛知県の知多半島東浦町および渥美半島伊良湖岬周辺、茨城県土浦市付近桜川流域、そして千葉県房総半島館山付近などであるという。中島によると、風車灌漑は化学肥料やエンジンポンプが普及する前の重要な農業技術の一つであった。それがゆえに、風車灌漑に関連する研究も農業土木や電気、機械工学などの分野で早くから進められてきた[7]。

諏訪以外の上記地域で風車灌漑が行われていた時期は、諏訪より少し遅い大正末期から昭和30年代後半である。中島は前掲論文において、大正末期に風車灌漑が活発になった背景として、国内での薄物鋳物製ポンプの開発を挙げている。農村で使われる灌漑用風車は、ほとんどすべてが地域の野鍛冶、大工によってつくられた。彼らにとって、海外から輸入したポンプを使うということは難しいことであった。その灌漑用風車によく使われていたのが、名古屋にあった川本製作所のポンプであった。川本製作所が鋳物ポンプの開発に成功したのは1919 (大正8) 年のことであった。こうして、「技術的には鋳物製吸い上げ式手押しポンプの出現によって初めて補給水灌漑を目的とした風車灌漑が可能になった」[8]のである。

中島はまた、経営的な面からも大正末期に活発になった背景を述べている。当時、灌漑用風車一台が、ポンプ代、据付費を含めて20〜30円であったという[9]。

農業でこのような投資を行うことができる背景には、商業的農業の発展があったという。例えば、先に挙げた地域の中で大阪の堺は阪神地域へ野菜を供給していた。愛知県の知多半島、渥美半島、茨城県土浦は養蚕、そして房総半島は乳牛飼育といったように、それぞれ商業的農業の発達した地域であった。これら地域では、商業的農業によってある程度の資金もあり、また設備投資の意欲ももつようになっていた。これが、大正末期に風車灌漑が発達した背景であるとされている。

逆に、昭和20年代から30年代にかけて風車灌漑が衰退していった背景としては、小型のエンジンポンプの価格が低下し、また国や自治体によってエンジンポンプ導入に際して補助金が交付されたことが挙げられている。また、諏訪の場合と同様に風車の管理に人手がかかることも挙げられている。

諏訪以外の地域での灌漑用風車も、製作していたのは地元の鍛冶屋や大工といった地縁技術者たちであった。しかし、諏訪地域の風車が固定式で風向の変化に対応できなかったのに対して、これらは風向に自動的に対応して回転する自動風向調整型の風車に進歩していた。風車の向きの調整は尾翼によって行われ、高さ170〜380センチメートルのはしご型、三角錐型、四角錐型の支持塔の上に、羽根、回転軸、尾翼をまとめた調整装置の機台が乗っているという構造であった。羽根の数は、諏訪の場合と同様に4枚、6枚、8枚と様々であった。ローター径もいろいろであったが、知多半島には4メートルという大きなものもあった。

材質は、それぞれの地域での製作主体によって異なっていた。例えば、堺の場合は鍛冶屋が主体であったために羽根以外には鋼材が用いられていたが、土浦では大工がつくっていたのでほとんどの材料が木材であったという。各地の風車の構造については図6-1を参照されたい。

---

(6) 本岡［1949］pp.23-24。
(7) 風車による水田灌漑を紹介、わが国で初めて風車灌漑に言及した文献として水野［1922］、pp.77-85、がある。
(8) 中島［1986］p.325。
(9) 当時の物価水準の参考に白米の値段を見ると、大正15年の白米10キロが3円20銭だった。週刊朝日編『値段史年表　明治・大正・昭和』朝日新聞社、1988年、P.161。

図6−1　各地の灌漑・揚水風車

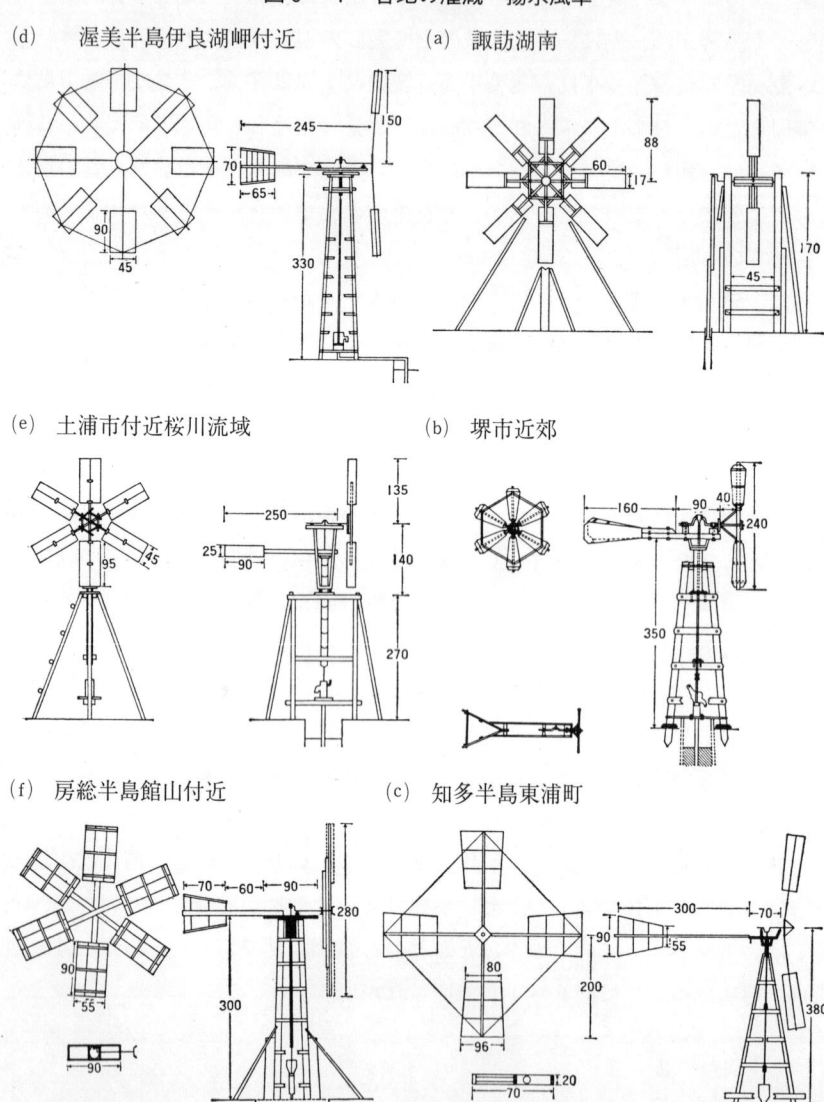

(d) 渥美半島伊良湖岬付近　　(a) 諏訪湖南

(e) 土浦市付近桜川流域　　(b) 堺市近郊

(f) 房総半島館山付近　　(c) 知多半島東浦町

出所：中島［1986］P.314　図1を転載。

このように、わが国でも風のエネルギーは様々な地域で利用されてきたのである。ただ、先駆けとなった諏訪の風車の技術がどこから影響を受けたものなのか、それとも伊藤君太郎が独自に考え出したものなのかは今後明らかにしなければならない課題である。また、東は土浦から西は堺までと、東西に広がる灌漑用風車の技術知識について各地域間の交流があったのか、それとも各地域の地縁的技術者（鍛冶屋、大工）がそれぞれ独自に考え出したものであったのかという追究も残された課題である。

（3）風力発電

本章の冒頭にも記したように、明治期のわが国でも風力によって発電しようという試みはわずかながらではあったが存在した。しかし、それらはすべてアメリカ合衆国やドイツなどから輸入した風力発電設備を利用したものであった。ところが、戦前にもわが国独自の風力発電設備を研究および開発していた人物がいたのである。安東幸二郎、小川久門、本岡玉樹という人たちである。

安東は、浜松高等工業学校、桐生高等工業学校などで教員をしていた人物で、1927（昭和2）年に『風車』（工政会出版部）という書物を刊行している。同書は260ページ余りからなり、風車の歴史から始まり、風車の理論、構造、応用について解説し、最後は風そのものに言及しているという、風車に関して幅広い分野を扱った書物で、わが国で風車に関して出された最も古い文献ではないかと思われる。

小川は、第二次世界大戦末期の1944（昭和19）年に『風車工学』（山海堂）という書物を出している。小川は本来自動車の専門家であったようで、『自動車の走行理論』（山海堂、1943年）など自動車に関する書物を何冊か発表している。1921（大正10）年、旅順工科学堂という学校で教えているとき、同僚より風力発電の研究をすすめられて風車研究を始めたということである。『風車工学』は小川が満州技術協会雑誌に寄稿していた論文をまとめたもので、次に述べる、同じ満州にいた本岡玉樹についても言及がある。

この3人の中で、最も精力的に風力エネルギーの利用に取り組んでいたのは

本岡である。本岡はもともと海軍の技術官で、1914（大正3）年に第一次世界大戦が始まると、占領したドイツ領の南洋諸島に軍事施設を建設するため現地に赴いた。そこで発電設備の建設に携わり、そのような地域での発電の難しさを痛感することになった。そして、日本への帰国途中、たまたま並走したアメリカ合衆国の大型帆船の速さによって風のエネルギーの大きさを知った。それが、本岡が風力の利用に関心をもつようになったきっかけであったという。

帰国して風力研究の命令を受けたが、国内には参考となる文献がなく、それらはドイツにあることを知ったが入手のすべがなかった。1919年、第一次世界大戦が終わって講和条約が結ばれると、ドイツ駐在武官を通して参考となる文献を入手した。本岡は、その後も海外の研究者との交流や海外調査を通じて海外の風力発電動向に目をくばり、多くの論文を著して、海外、特にヨーロッパの研究動向を紹介している。これらを見ると、デンマークでのポール・ラ・クールの風力発電機開発、風力発電会社や、第3章で紹介したアグリコ風車などがすでに紹介されていることに驚かされる。

これらの研究の結果、本岡は風車の利用は農村に適していることに気づいて海軍を辞職した。そして、農村の「文化的改善」を目指して農村における風力利用の研究を始め、それと平行して啓蒙にも努めた。1927（昭和2）年には、中央放送局（NHK）で「わが国農村文化と風車電気の話」という番組を放送し、農村では、高価な燃料や供給電力を使うより風力のような自然エネルギーを利用することを奨励した（168ページで述べた茨城県谷田部の灌漑用風車の相談は、この放送を聞いた聴取者から寄せられたものであった）。そして、このような啓蒙活動は農林省を動かすこととなり、前橋の群馬県立農業試験場や鹿児島の高等農林学校にドイツのボーレンハーゲン社（Bollen Hagen）製の大型風車を建てた。

1927年に完成した群馬県立農業試験場の風車は、発電した電力を高価な蓄電池に蓄えるのではなく、揚水ポンプを動かして貯水することでそのエネルギーを保存するという、かねてより本岡が提言していた方法を採用している。一度貯水槽に水を揚水し、必要なときにこの水を落として水車タービンを回して発電するという方式である。この方式は、もちろん効率性という点では低いもの

であったが、農村用にコストを切り詰めるためには最良とされたの工夫であった。この群馬県立農事試験場の風車は、戦後の1948年に逓信省の風力実験室に譲られて、鉄塔を15メートルに伸ばして2kWの発電機をつないで風力発電の実験に使われた[10]。

一方、鹿児島高等農林学校では、1928年に完成した風車を発電機に接続して構内に電力を供給するという実験が行われた。使われた風車は、アドラー式の6枚翼、ローター径は6メートル、発電機は直流の4kWのものであった。発電された電力は、同校に授業用として備えられていた60個の蓄電池に蓄えられ、寄宿舎、廊下、トイレ、屋外灯など150個の電灯を点したという本格的なものであった。鹿児島の場合には、もともと給水塔として使われていた高さ25メートルの塔を利用したので風車の位置は高さ30メートルという高さになり、良好な風を利用することができた。

その後、1935年、満州国に大陸科学院が設立された。同学院は、満州国における科学研究の頂点に立つ研究機関として設立され、大きく分けて「化学に関する研究」と「理学に関する研究を主な研究テーマとしていた。そして、「理学に関する研究の中に「風力に関する研究」が研究事項として掲げられていた。本岡は同科学院の動力研究室の担当者として風車利用の研究を行うことになった。満州は、大陸特有の強い風が吹き、風力エネルギーの利用には大きな可能性を秘めていた。

本岡の満州における風車研究は多岐にわたっている。例えば、風車の立地を決めるために大変重要となる風況調査、羽根の構造、そして風車の設計などである。風車を運転する場合に重要なことは、風の変化にいかに対応するかということである。風が弱いときにも回り、逆に風が強すぎるときには回転しすぎないようにブレーキをかけなければならない。このように、風の強さに応じて回転状況を調整する装置を「調速装置」という。本岡の開発した調速装置には羽根の先端に一定の角度がつけられている副翼がつけられており、これによって風が強くなったときにブレーキがかかるように工夫されていた。

[10] 電子技術研究所（現在は独立行政法人産業技術研究所に統合）のホームページ (http://www.etl.go.jp/jp/gen-info/history/nenshi/1948-07.html) による。

図6－2　大科式調速装置

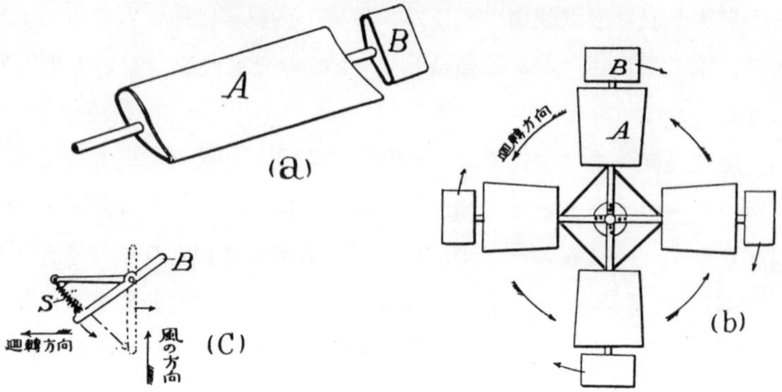

出所：本岡［1936］p.97、第10図

　満州において建てられた風車は、当初、日本の農村の灌漑用風車のような木製風車であったようであるが、4月から5月にかけて吹く強風に耐えることができず、次第に金属製の風車に変わっていった。用途は、多くが灌漑、排水といった風のエネルギーを使ってポンプを駆動するというものであったが、本岡は発電によってすべての用途に風のエネルギーを応用することができると推奨している[11]。本岡が設計したいくつかの風車を紹介してみよう[12]。

❶大科式第1号風車

　1937年に製作され、松花江沿岸の湿地地帯に建てられた。この風車は、ドイツのボーレンハーゲン社のアドラー式風車を模倣して設計されているが、羽根には前述の調速装置としての「大科式副翼」と呼ばれる羽根の先端の小さな副翼が採用されていた。羽根は4枚でローター径は8メートルで、最大で毎分100回転という比較的高速回転の風車であった。用途は揚水であったが、同時に2kWの直流発電機を動かして蓄電池に充電することもできるようになっていた。

❷大科式第2号風車

　高さ15メートル、4枚翼、ローター径6メートルの中型風車で、翼は第1号

第 6 章　日本における風力発電技術　175

大科式第 2 号風車　　　　　　　大科式第 3 号風車

出所：本岡 [1936] P.102　　　出所：本岡 [1936] P.103

風車と同様に「大科式副翼」を採用していた。また、歯車を用いて増速する機構を備えていた。

❸大科式第 3 号風車

　これは高速回転を目指し、羽根を 3 枚と減じたものである。ローター径も 4 メートルとやや小振りである。

❹大科式第 4 号風車

　一般簡易型風車として開発された。簡易型として木製を予定していたが、満州国内の風が強く壊れる可能性があるために羽根以外は金属となった。羽根は、

---
(11)　本岡［1942］P.36。
(12)　本岡「1936」pp.101-102。

4枚または6枚が風の状況と使用目的に応じて選択された。ローター径は4メートル、塔は大陸科学院で実験的に建てたものの場合、松の丸太を2本組み合わせて「又型」とし、高さ10メートルであった。

❺大科式第5号風車

揚水用の小型木製簡易型風車で、木製のため人力で操作しやすくなっている。

❻放送用[13]

当時、満州国の開拓村には電力がまだ届いていないような僻地が少なくなかった。そのような地域でもラジオ放送を聴取できるようにと満州電信電話会社放送局から依頼を受けた本岡は、ラジオの電源用として小型風力発電装置を1944（昭和19）年に完成させた。これは3枚ないし5枚の翼で、ローター径4メートルの風車に自動車用の3ブラシ型500Wの発電機を接続し、発電した電力も自動車用バッテリー2～9個に蓄電するというものであった。実際に十数台がつくられたが、終戦によって実際に使われるまでには至らなかった。

図6－3　長春市郊外に建てようとされた風車の完成予想図

出所：本岡［1949］第105図より転載。

❼その他

本岡氏は日本軍から依頼され、大型発電用風車の開発にも携わっている。これは、大科式副翼を備えた5枚羽根、ローター径11メートルという風車に3kW1基、1kW2基の発電機を接続し、さらに2馬力の揚水ポンプもつないでいるという多用途の風車であった。長春市郊外に建設を開始したが、これも終戦のため完成には至らなかった。

2 戦後

　本岡は戦後も風力発電開発に取り組み、前述したように、戦後の1949年に『風車と風力発電』という書物によってこれまでの研究成果をまとめている。終戦直後の何もかもが足りない時代には、貴重なエネルギー源として風力に注目が集まった。この頃本岡は、日本の天気予報の基礎をつくり「お天気博士」として知られている藤原咲平（1884～1950）とも交流していた[14]。藤原は、終戦後1947年に公職追放となったが、『渦・雲・人　藤原咲平伝』（根本順吉、筑摩書房、1985年）によると、「長岡組風力発電会社」という会社に入社していることになっている[15]。しかしこれは、のちに述べる横浜の永岡風力発電機株式会社ではないかと思われる。

　本岡は、気象学の立場から風力発電の可能性を考えていたようである。しかし、残念ながら、本岡の先駆的な風力発電の研究や藤原の気象学に基づく提言が風力発電機開発で結実することはなかったようである。どうやら、より大規模な発電が可能な水力や火力発電に関心が払われるというのが当時の世の大勢だったようだ。

（1）山田風車[16]

　戦後のわが国で最も意欲的に風力発電開発に取り組んだのは、北海道の山田基博である。山田は、1918（大正7）年、北海道の名寄市に生まれている。山田が風力発電に取り組むようになった動機は、「電気に対する渇望と、何処で

---

(13)　本岡［1949］pp.259-260。
(14)　根本［1985］P.251、P.265。
(15)　根本［1985］p.251。
(16)　この項は、牛山［1978］によっている。

も電気を使えるように、という使命感が結びついた」ものにあるという[17]。そして、戦前からすでに風力発電機開発に取り組んでいたようである。

1938（昭和13）年に稚内の漁村に初めて設置し、その後1943（昭和18）年までに200基以上設置されたという。構造は2枚羽根でローター径1.2メートル、アメリカ製やドイツ製の自動車用のダイナモ（直流発電機）を使っていた。性能的には、風速7～8メートルのときに約200Wの出力を生み出し、実用には十分であったという。価格的には、一式100～200円と、当時の物価水準からするとかなり高価なものであったらしい[18]。

終戦後に「山田風力電設工業所」という会社を設立して、主に開拓農家向けの風車の開発に取り組んだ。最初に設置したのは1950（昭和25）年のことで、留萌の天塩町の開拓農家であった。その後、大型台風（洞爺丸台風、1954年）にも耐えたということで評判が確立し、山田風車は広く知られるようになった。その後、東京・江戸川に「日の丸プロ」という模型飛行機用の燃料をつくる会社を設立し、そこでも山田風車を量産したらしい[19]。販売先は、北海道から始まり九州や東北、さらには南米やアフリカにも輸出され、総数は1万基に達したという。

大きく分けて、山田風車には2枚翼と3枚翼があった。2枚翼機には、強風時に風車回転面が水平になるが、上方に向きを変える「上方偏向式」と下方に向きを変える「懸垂式」という二つのタイプがあった。3枚翼機は、ピッチ角を変更することで強風を避けられるようになっている。しかし、通常の可変ピッチが強風時に羽根が風と平行になり風を羽根から逃がすように羽根を回転させるのに対して、山田風車は、強風時に羽根が風向きと直角になるように羽根を回転させるというユニークな方式を採用している。この方式は、「逆可変ピッチ」と呼ばれている[20]。

現代の風車研究の第一人者として知られる足利工業大学教授の牛山泉は、山田風車の特徴を以下のようにまとめている。まず、日本の風況にあわせて弱風で起動し、しかも強風にも耐えられる設計であるという。弱風における起動という面における工夫としては、「エゾ松」という軽くて丈夫な素材を使っている。翼の形状にも工夫をこらし、弱風での起動性をより高めるようにされてい

る。また、翼と発電機を直結することで、増速に伴うロスや故障の可能性を低くしている。

次の項で述べるように、その後、科学技術庁の「風トピア計画」という調査プロジェクトの中で山田風車が実証運転に選ばれ、優れた性能をもっていることが明らかになった。また最近、足利工業大学で行われた空気力学的な性能検査によって、特に低風速性能が優れていることが明らかにされている[21]。

このようにわが国の風力発電機としては最も社会に受け入れられ、性能的にも優れたものをつくった山田基博は、いったいどのようにして風車の技術知識を獲得したのだろうか。「往年の名機、山田風車の空力学的評価」(根本・牛山・菅原・田子、2002年) によると、学校で専門的な知識を身に着けたのではないようである。

山田の父は大工であったという。幼少の頃より竹トンボや模型飛行機をつくりながら、翼やプロペラ作成の知識を身に着けたという。小学校のときにすでに、ローター径60センチメートルの風車に自転車用発電機を付けた風力発電機を父の協力を得ながらつくったという。そして、1931 (昭和6) 年に小学校を卒業すると風力発電機製造を本格的に開始し、組み立てたり据え付けたりする実際の作業を通じてノウハウを蓄積していった。戦争中にしばらくのブランクがあったようだが、戦後、風車づくりを再開した。戦後は北海道庁の支援があったためか北海道大学で性能テストが行われたというので、大学研

足利工業大学に展示されている山田風車

---

(17)　牛山泉 [1978] p.63。
(18)　1939 (昭和14) 年の物価を白米で見ると、白米10kg の小売価格は3円25銭であった。〈週刊朝日〉[1988] P.161。
(19)　橋本 [1997] pp.27-29、および名寄市役所広報課へのインタヴューによる。
(20)　根本・牛山・菅原・田子 [2002] p.42。
(21)　根本・牛山・菅原・田子 [2002] p.45。

究者との交流もあったと思われる。

このように、山田の風車開発は、デンマークの風車開発過程で風車大工や鍛冶屋などが重要な役割を果たしたのと同じように、実験室ではなく現場や工場からの発想および試行錯誤による技術革新であった。牛山泉は、このような山田氏の技術を「地縁技術」として、風力エネルギーの特性にあった技術であると述べている[22]。また、東京大学大学院工学系研究科の教授で科学技術史を専門としている橋本毅彦は、風力エネルギーの開発には国のサポートを受け、宇宙開発などの先端研究の成果を風力発電機開発に応用するR&D（研究開発）主導型と、初めから風力発電機の開発を目標とし、市場導入の採算性を重視しながら開発する市場誘導型に分け、山田風車を後者の一例として挙げている[23]。

（２）永岡式風洞型風力発電機

山田風車ほどは普及しなかったが、戦後の一時期によく使われた風力発電機に永岡風力発電機株式会社の風洞型風力発電機があった。同社は横浜にあり、もともとは鉄工所であった。そこで、松井登兵という技師が1947（昭和22）年に風洞型の風力発電機を開発している[24]。

図6－4　永岡式風洞型風力発電機

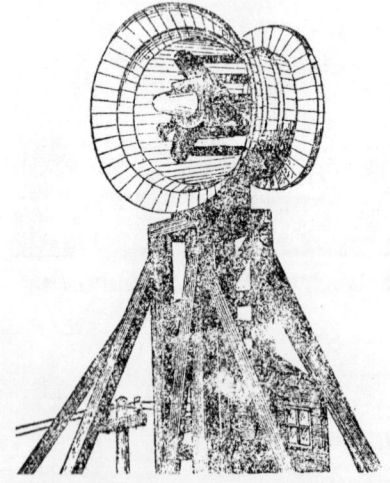

出所：本岡［1949］、P.25　第10図

ところで、戦前に本岡などによって研究されていた風力発電は、戦後すぐのエネルギー不足の時代に研究が継続された。例えば、前橋の農事試験場に建てられた風車は電気試験所に移設された。逓信省電気通信研究所（のちに電子技術総合研究所、さらに現在は独立行政法人産業技術研究所）の研究年史によると、1947年7月に「電力部技官山田太三郎、中田清兵衛、群馬県立前橋農事試験場より直径5.5メートル、6枚翼の風車および高さ

10メートルの鉄塔を譲り受け、風力発電の実験研究設備の建設をおこなう」とある。同じ年の夏には、「機械試験所、中央気象台、東京大学と若干の製作所を加えて学振風力利用第35特別委員会が発足し、気象、風車の空気力学的・機械的性質、電気機械関係の3分科会が設けられる。電力部技官山田太三郎および中田清兵衛が、それぞれ幹事、研究委嘱として委員会に加わり、おもに発電機の設計、風車の電気的制御について検討をおこない、500kWのパイロットプラントの共同設計をおこなう。この年、学振風力利用第35特別委第1報で研究内容について報告を」行っている。

翌1948年にも、「山頂の超短波通信中継所の電源として風力利用の可能性について、予定地点の白山山頂で風力およびその他の気象条件の現地調査」を実施している。さらに、「風力実験室が完成する。これと同時に、群馬県立前橋農事試験場より譲り受けた風車および鉄塔に補修を加え、鉄塔を15メートルに延長、2kwの直流分捲発電機をこれに結合し、この年末に実験設備をほぼ完成」し、「横浜永岡風力機で、永岡式風車の現場試験をおこなう」という記述もあり、ここで永岡式の風力発電機が使われていたことがわかる[25]。

また1948年に、群馬・新潟の県境の清水峠にある列車用の送電線保守用の小屋に電力を供給するために風力発電機を設置する試みがなされた。このときに使われたのも永岡風力発電機株式会社の風洞型風車であった。この清水峠の風車に関する当時の運輸省東京地方電気部の粂澤郁郎の「清水峠風車発電工事に就いて」というレポートによると、風洞の中に6枚の翼を備えるという構造であった[26]。そして、電力試験所の研究年史において、風力発電に関する記述はこれ以降登場しなくなる。風力実験室でその後どのような研究が続けられたのか、今は知る由もない。また、永岡風力発電機株式会社がその後どうなったかもわからない。

---

(22) 牛山［1978］p.57。
(23) 橋本［1997］pp.27-29。
(24) 本岡［1949］p.25。
(25) この研究年史は、電子技術研究所（現在は独立行政法人産業技術総合研究所に統合）のホームページ（http://www.etl.go.jp/jp/gen-info/history/nenshi/1948-07.html）参照。
(26) 粂澤［1948］p.24。

3 公的支援

(1) 風トピア計画[27]

　技術開発について政府が音頭をとって推進するという政策手段は、わが国の産業政策の伝統的な方法の一つであった。新エネルギーの活用についても、政府は様々な方面で積極的なかかわりをもってきた。

　1977年7月、科学技術庁は「風エネルギー研究会」を発足させ、一般家庭や農林水産部門の小規模事業所用に風力を利用する場合に問題になるであろう安全性や経済性について実証するという目的から、風力に関して様々な分野にわたる研究を開始しした。この研究の一環として、翌1978年から2年間にわたって「風トピア計画」という小型風車の実験プログラムが進められた。

　この実験プログラムでは、金沢市少年自然の家および牧場に3基、群馬県安中市ローズベイカントリークラブに2基（群馬県が独自に2基を県庁屋上に設置して協力）、そして愛知県知多郡武豊町農林水産省野菜試験場施設栽培部に3基の風車が建てられた。建てられた風車は「東海大・望星企業」と呼ばれる風車、湯浅電池が輸入したスイスのエレクトロ社（Elektro GmbH）製の風車、山田風車、富士電機製の風車、松下精工製の風車の5種類であった。この中で、東海大・望星企業は垂直軸風車であった。また山田風車は、先にも述べたように懸垂式といって、風が強くなるとプロペラが地面に水平になって風を避けるという独特の仕組みをもっていた。

　これらの風車は、現地への据えつけに先立って科学技術庁航空宇宙技術研究所で風洞実験が行われた。その後、前述の三ヶ所で試験されたわけだが、その結果、運転状況では山田風車が70.1％の運転日数と、スイス製の風車の69.0％をわずかながらしのいだ。また、発電量でも山田風車が184.13kWhであった

のに対して湯浅電池（スイス製）は45.98kWhと、山田風車の優秀性が明らかになった。

実験の結果として、エネルギー変換効率が予想よりも低いことが明らかになったことから、変換効率向上を研究する必要性が指摘された。また、バッテリーへの保存技術、熱エネルギーへの変換保存技術開発の必要性が指摘された。

この風トピア計画の後の1981年、科学技術庁は全国にある出力0.5kW以上の風力発電機の実態調査を行っている。これによると、風トピア計画の後に多くの風力発電機が建てられたということがわかり、風トピア計画が風力エネルギーへの関心を高める上でかなり大きな影響力があったとしている。この調査結果から、台数の多い風車「ベスト5」を見ると表6－1のようになっている。

表6－1　日本のメーカー別風車設置台数（1980年）

順位	メーカー名	台数
1	日の丸プロ（山田風車）	19
2	ゼファー・タービン	8
3	エレクトロ（スイス製）	7
4	松下精工	5
5	富士電機	3
5	松村農機	3
5	三菱電機	3
5	日本風力発電器	3
5	日本電気精器	3

出所：科学技術庁計画局資源課[1981]により作成。

まず、日の丸プロ（山田風車）が圧倒的に多いことがわかる。それに、現在風力発電からは撤退しているが、当時、風力発電機をつくっていたメーカーの数が意外と多く、その中には大手の電機メーカーも含まれている点が興味深い。また、このベスト5内のメーカーの製品には、サボニウス型の松村農機やダリウス型[28]の三菱電機のように垂直軸風力発電機もあり、現在と違って技術的に多様であったのは技術がまだ発展途上にあったことを物語っているのであろう。

---

(27)　「風トピア計画」については、科学技術庁計画局[1980]、[1981]に詳しい。
(28)　サボニウス型は、円筒を二つに切ってずらして接合し、上から見るとS字型につなげた型。ダリウス型は円弧状のブレードをもつ（本書31ページの図1－5を参照）。いずれも垂直軸風車である。

（２）サンシャイン計画からニューサンシャイン計画へ[29]

　日本における新エネルギーの活用に関する研究は、太陽光による発電を中心としてスタートした。最初の国家的プロジェクトは、1974年に始まった「新エネルギー技術開発計画（通称サンシャイン計画）」であった。このサンシャイン計画には、1974年から1992年までの間に4,400億円が投入された[30]。この計画のスタートが、1973年の第１次オイルショックをきっかけとしていることは言うまでもない。第２次オイルショックの起きた1979年の翌年、サンシャイン計画の実施機関として「新エネルギー総合開発機構（NEDO: New Energy Development Organization）」が設置された[31]。しかし、サンシャイン計画ではその名称が示すように太陽エネルギーに焦点があてられており、風力はそのほかの新エネルギーの一部という程度の扱いであった。例えば、1974年に発表されたサンシャイン計画に至る審議経過をまとめた『新エネルギー技術研究開発計画（サンシャイン計画）』で詳しく検討されているのは、太陽エネルギー、地熱エネルギー、合成天然ガス、水素エネルギーの四つのエネルギー源であって、その中に風力は含まれていない。風力は、気象エネルギーの一つとして「将来、新エネルギー源として供給に加わり得る可能性も大きい」と述べられているだけである。

　サンシャイン計画の中で、風力エネルギーの研究が始まったのは1978年からであった[32]。1980年までの当初の３年間は、風車ブレード、風車の運動制御、動力伝達系および振動・強度といった要素技術に関する「風力変換システムに関する研究」、立地、環境、経済性、風況などの「風力変換システムに関する調査研究」および「風力変換システムに関する調査研究」（気象調査）という三つの課題について調査研究が行われ、風力発電機を建てての調査・研究には至らなかった。

　実際に風力発電機のパイロット・プラントの建設されたのは、1981年に東京電力と石川島播磨重工業に委託しての100kW機の開発・試験が最初であった。東京電力と石川島播磨重工業は1982年に三宅島に試験機を設置し、1983年に単

独運転による試験を重ねた後に1984年から系統に連結して運転され、1987年に解体されるまでの5年間にわたって2,127時間の運転、22,804kWh という発電実績を残した。この試験機は、櫓型の高さ28メートルの鉄塔の上にローター径29.4メートルの2枚翼、ダウンウインド型の風車を載せ、出力は100kW であった。東京電力ではさらに1986年に、ベルギーのHMZ 社の3枚翼、ローター径21.8メートル、高さ22.6メートルという定格出力150kW の発電機を建て、1988年まで性能評価研究を行っている。

その後、サンシャイン計画ではもっぱら理論的な研究が積み重ねられたが、通産省工業技術院の機械技術研究所（現在、独立行政法人産業技術総合研究所）に、ロー

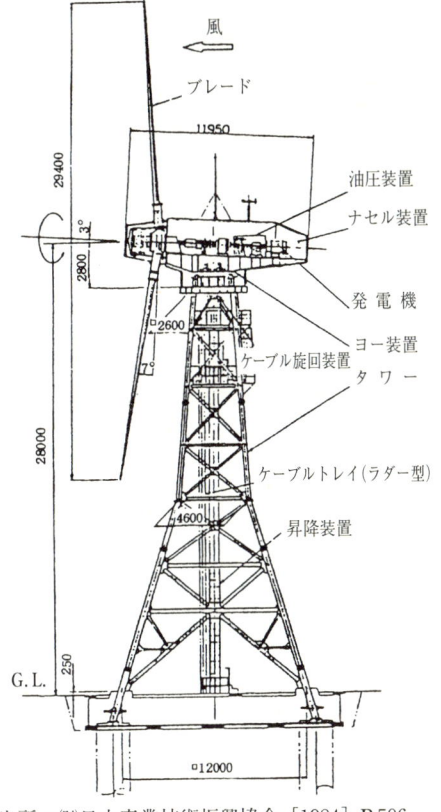

図6-5　100kW 実験機

出所：㈶日本産業技術振興協会［1984］P.506, 図5.2-4を転載。

(29) サンシャイン計画については、島本実「ナショナルプロジェクトの制度設計—サンシャイン計画と太陽光発電産業の生成—」（一橋大学博士論文）がその背景について大変興味深い分析を行っている。同論文の要約は、http://obata.misc.hit-u.sc.jp/com/thesis/shimamt1.html、にある。
(30) 初期のサンシャイン計画については、工業技術院サンシャイン計画推進本部［1974］。
(31) その後1988年10月に、産業技術の研究開発も業務に加えられ「新エネルギー・産業技術総合開発機構」（New Energy and Industrial Technology Development Organization）となり、さらに2003年10月に特殊法人から独立行政法人に組織変更された。
(32) 1978年以降のサンシャイン計画での風力発電機開発については、㈶日本産業技術振興協会［1984］を参照されたい。

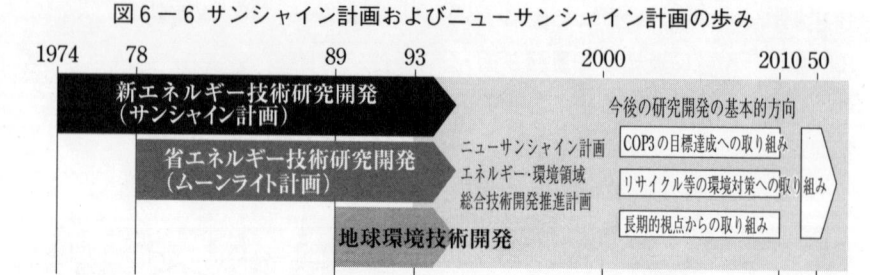

図6-6 サンシャイン計画およびニューサンシャイン計画の歩み

出所：新エネルギー財団ホームページ http://www.nef.or.jp/enepolicy/p06.htmlより転載。

ター径6メートル、出力1kWという実験機が立てられ、理論の検証などが行われた。この1kW機をつくったのは、のちに述べるヤマハ発動機であった。

1982年にはサンシャイン計画に引き続き、1978年に省エネ技術の開発を目指した「省エネルギー技術研究開発（ムーンライト計画）」が始まり、1992年までに1,400億円が投じられた。また、1989年には「地球環境保全技術に係る研究開発制度」が始まり150億円の予算がつぎ込まれた。そして1993年、これまでのサンシャイン計画、ムーンライト計画、地球環境保全技術を統合して「エネルギー・環境領域総合技術開発推進計画（ニューサンシャイン計画）」が始まった。このニューサンシャイン計画に投じられた予算は、革新技術開発が5,500億円、国際大型研究が9,000億円、そして適正技術共同研究が1,500億円であった。

風力発電関係では、500kW機の大型風力発電システムの開発が1991年から1999年まで進められた。これは、すでに独自に開発していた三菱重工に委託され同社の300kW機を大型化する形で設計された。これは3枚翼、アップウインド、誘導発電機という比較的コンベンショナルなデンマーク・タイプに近いものであったが、制御は油圧による可変ピッチを採用していた。

この風車は、青森県の竜飛岬に建設されたウインドパークに建てられた。また、集合型風力発電システムの研究というプロジェクトは沖縄電力に委託され、沖縄電力は、宮古島に三菱重工の250kW機を2台、デンマークのミーコン社（現、NEGミーコン社）の400kW機を3台設置し、系統電力網に接続する場合にどんな問題が発生するかの試験を行った。

第6章 日本における風力発電技術　187

　またそれに続き、2000年からは離島用風力発電システムの開発が進められている。これは富士重工に委託され、同社の中型風力発電機はこのプロジェクトの一環として開発された。そして、1990年より新エネルギー・産業技術総合開発機構（NEDO）によって各地の風の状況を調べる風況調査が実施され、1993年に全国風況マップが完成したのも技術開発支援の一環としてよいであろう。

4 大メーカーによる開発

　戦後の日本では、いくつかの大企業によって風力発電機が開発された。サンシャイン計画のところでも見たように、小型のヤマハ発動機、中型の富士重工、そして大型の三菱重工である。これらの日本の風力発電機メーカーと、日本に早くから進出していたデンマークのミーコン社（現在のNEGミーコン）の日本法人「エヌ・イー・ジー・ミーコン社」について、特徴などを簡単に説明していこう。

（1）ヤマハ発動機──開発の沿革と特徴

　ヤマハ発動機では、1980年代中盤から1999年まで風力発電機の開発・生産を行ってきた。ヤマハ発動機は、第二次世界大戦中に楽器で培った木工技術を応用して航空機用のプロペラを生産していた。また、モーターボートやヨットの生産にも早くから携わっており、風力発電機の中核となるグラスファイバーの技術の蓄積もあった。このように、プロペラとグラスファイバーという、風力発電機のブレードにとって重要な要素技術をもっていたので、当時の通産省からボートのグラスファイバー技術をローターブレードに応用してほしいという委託研究があり、これが風力発電機の製作に乗り出すきっかけとなった。
　この委託研究では、仕様のみを提示された。この委託研究によって開発されたのが、出力1KWのローター径6メートルの風車であった。これは、1983年

4月に、静岡県の浜岡原子力発電所1号機の横にモニュメント風車として建てられた。この1kW機は、総計17機を販売した。

その後、開発を進め、1989年に出力16.5kW、ローター径15メートル機を市場に出した。この風車発電機は北海道の寿都町に5基納入され、小規模ではあるが日本初のウインドファームとなった。その他、関西電力が人工島の六甲アイランドに造った六甲新エネルギーセンターに2台設置されるなど、合計17基が販売され、日本の商用風力発展の先駆けとなった[33]。

1992年頃、100kW機をNEDOよりテストのみ委託したが、それ以前の製品と部品が違い、協力工場などのインフラがなかったために本格生産には進出しなかった。結局、1999年6月、同社は風力発電機事業より撤退した。競争相手となる他社がいないため利益は出ていたと思われるが、経営上の判断によって撤退したという[34]。

ヤマハ発動機の風力発電機は、現在世界の主流となっているいわゆるデンマーク・タイプとは違っている。デンマーク・タイプとは、第3章でも述べたように、アップウインド、3枚翼、ストール制御である。これに対して、ヤマハ発動機の製品はダウンウインド、2枚翼であった。2枚翼という点については、コストを下げるという利点がある（ブレード1枚に約100万円かかる）。

また、今日の大型機が「アクティブ・ヨー」といって風の向きにブレードの正面を向けるためにモーターを使って回転させるのに対して、ヤマハ発動機の風力発電機は「フリー・ヨー」といって、ヨーが動力によらず風向きにあわせて自由に回転するパッシブ・ヨーが一つの特徴

当時のヤマハ風車のパンフレットの表紙

になっている。ちなみに、六甲アイランドなどに設定されている初期型には、風車の向きを制御するヨー・ブレーキすらなかった。

そして、強風時の対策として遠心力を利用した「ティータードハブ」(ティーターリング・ハブ) という方式をとっている。ティータードハブとは、発電機の回転軸とブレードの接合部分が固定されておらず、ある程度自由な動きを許し、風の強さや向きの変化を吸収しようという工夫である。同じような工夫は、これまでに述べてきたオランダやドイツの風車でも試みられてきた。

(2) 三菱重工株式会社長崎造船所——開発の沿革と特徴[35]

三菱重工は、日本で唯一の大型風力発電機メーカーである。早くから国外へ販売しており、主にアメリカ合衆国で多くの実績をもっている。

同社が風力発電機の生産を開始したきっかけは、当時社長(現、日本機械工業連合会会長)の相川賢太郎のアイデアであったという。1982年に工場内のヘリコプター翼を見て、風車を提案し、長崎造船所内の香焼工場内に実験機を設置して12月に運用を開始した。この風力発電機は、定格出力40kWでローター径は18.9メートル、タワーの高さが23.2メートルのものであった。さらに1982年11月、九州電力とともに沖永良部島発電所に試験機を建てた。この試験機の定格出力は300kW、ローター径が33.0メートル、タワーは鉄骨組立てで高さ30.0メートルであった。ブレードは、先端部がヘリ用プロペラ、根本がグラスファイバーという構造であった。この風力発電機は現在解体され、三菱重工長崎造船所内の史料館にブレードのみ保存されている。

そして、1985年に大量生産型の「MWT250」を開発し、まず長崎造船所内の香焼工場に設置された。これは、定格出力250kW、ローター径25.0メートル、

---

(33) ヤマハ発動機のローター径15メートル機は、共同開発として機械技術研究所が開発したWINDMEL機と実質的には同じ風力発電機である。
(34) 1999年6月24日の日刊工業新聞は、ヤマハの風力発電機からの撤退を、不採算部門の構造改革の一環として報じている。
(35) この項は、主として2000年3月6日に実施した三菱重工長崎造船所でのインタビューに基づいている。

表6-2　三菱風車の主要な海外納入実績

年	場所・国	機種	台数（基）
1987	ハワイ・アメリカ	250kW	37
1990	モハベ・アメリカ	275kW	340
1991	モハベ・アメリカ	275kW	300
1993	ウェールズ・イギリス	300kW	103
1998	ユージン・アメリカ	600kW	69
1999	モハベ・アメリカ	600kW	30
2001	テキサス・アメリカ	1 MW	50
2002	オレゴン・アメリカ	600kW	42

出所：三菱重工の資料により作成。

タワーの高さ22.5メートルというものであった。商用風車として最初の販売は1987年で、ハワイへ37基とカリフォルニア州のモハベ砂漠テハチャピへ20基であった。その後、**表6-2**のように多くの風力発電機を海外に輸出している。

さらに、1999年3月には室蘭に1MW機（1基）を設置して、メガワットクラスにも進出し、最近はマルチ・メガ・ワットクラスにも挑んでいる。

三菱重工の風力発電機は、基本的に「デンマーク・タイプ」と呼ばれる標準的なスタイルである。すなわち、アップウインド型の3枚翼である。また、翼は自社製で、以前より可変ピッチを採用してきたのが特徴である。

開発のスタート時、ブレード以外の技術は重電メーカーとして長い実績をもつ社内にあった。しかし、風力発電分野において三菱重工のコア技術はブレードであると思われる。ヴェスタス社を除く海外メーカーはブレードの製作を専門メーカーに任せているところが

カリフォルニアに立っている三菱重工製の風力発電機
出所：三菱重工資料より。

多いが、三菱重工としては風車メーカーとしてブレードの技術を重視している。しかし、輸送費などの問題があるので外部からの購入も検討中であるということであった。

　風車のブレードのように、大型FRP（繊維で強化されたプラスチック）でこんなに大きな加重を受けるものはないという。ボート程度のFRP技術ではすぐに壊れるため、風車の翼は非常に高品質につくられている。そのため1枚ずつ手で塗っており、大量生産をするにあたっては非常に大きな課題をもたらしている。一方、このようなFRP技術は他分野への波及も期待できるということであった。

　もう一つの問題は、風車の大型化に伴うブレードの長大化である。例えば、同社では長崎造船所から少し離れた浦上工場でブレードをつくっているが、長さのために運送に問題があって深夜に運んでいるが、そろそろその長さが限界に近づきつつあるといわれている。そのほかのコンポーネントの調達については、発電機は社外製で三菱電機や現代（韓国）、ABB（スイスおよびスウェーデン）などが使われている。ギアも外国製で、フレンダー社や、その関連会社のフレンダー石橋などから調達しているという。タワーももちろん社外製である。

（3）富士重工株式会社宇都宮製作所――開発の沿革と特徴[36]

　富士重工の宇都宮製作所は航空機の生産拠点である。風力発電機の研究は1996年頃に社内のQC活動の一環として始まり、担当者が個人的に学会などに参加していた。その中で、日本の風力発電研究の第一人者である足利工業大学の牛山泉教授、東海大学の関和市教授などとの交流が始まった。1997年に基礎研究が本格的に開始され、1998年、機械技術研究所との共同研究が始まってヤマハ発動機の風力発電機（WindmelII）の改良に携わり、ブレードなどが変更された。この風車は、三重県亀山市野登山で実験された。

　1999年には、前述したようにNEDOの離島プロジェクトの開発を委託され

---

[36]　この項は、2001年7月13日に航空宇宙事業本部新エネルギー開発部でのインタビュー調査、および永尾［2001］によっている。

た。同プロジェクトは、割高なディーゼル発電に依存していることの多い離島に適した風力発電機を開発することを目的としている。開発目標は、20円／kWh以下の発電コスト、40％以上の系統併入率、20年以上の寿命、80メートル／秒以上の風速に耐えること、大型重機を使わずに建てられること、ディーゼル発電とのハイブリッドというものであった。2000年4月1日にこのプロジェクトの目的に沿った小型風車の設計が始まり、同年10月24日、出力40kWの「スバル風車」として発表された。さらに同プロジェクトが終わる2003年3月、プロジェクトの課題であった100kW機の開発に至った。開発スタッフは平均年齢29歳（部長、副部長を除く）という若手8人が中心となっている。

風力発電の世界的な動きはマルチ・メガ・ワットクラスの大型機に向かっているが、そのような大型機には輸送、景観、騒音などの問題があり、立地場所は人里離れた地域に限定されてしまう。一方、風力エネルギーへの社会的な関心は高まってきており、地方自治体や企業などからの需要は高まっている。公園や工場敷地などに建てる場合、大型機にはいろいろな問題が付随する。例えば、発電容量が施設などの自家消費に過大すぎる、資金面では風が弱くてNEDO補助金基準（毎秒6メートル以上）に達しないなどである。そこで、100kWクラスの中型機に需要があるのではないかと同社では考えている。また、世界的に見ても、この大きさの風力発電機は比較的空白となっている領域でもある。

スバル風車は、ブレード径15メートルで3枚翼のアップウインド型である。定格出力は40kWで、発電機は永久磁石多極同期（日立製作所製）という先進的な技術を採用している。制御は、アクティブ

スバル風車
写真提供：富士重工

ピッチ可変速でアクティブ・ヨーである。また100kW機では、さらに増速のためのギアをもたない「ギアレス・ダイレクト・ドライブ」という最先端の技術を採用している。ブレードの形状は産業技術総合研究所の設計に基づいている。

同社のコア技術は、もともとが航空宇宙部門であるということからブレードの空力、構造設計にあるという。また、「全体のまとめに技術的な強みがある」という点は、自動車メーカーでもあるという同社の特徴であろう。

（4）エヌ・イー・ジー・ミーコン株式会社[37]

日本の風力発電機のメーカー別シェアは第2章で見たようになっており、最近はオランダのラーヘルウェイ社が多いという、世界では珍しい割合になっている。日本で本格的に風力発電が始まった当初は、国産の三菱重工とデンマークのミーコン（現在はNEGミーコン）の2社が圧倒的に多かった。そこで、ここではメーカーではないが、NEGミーコン社の日本法人である「エヌ・イー・ジー・ミーコン株式会社」について概観しておこう。

デンマークのNEGミーコン社は、早くから日本市場での販売に取り組んできた。1991年7月、小島剛（現、オフィス・エコロジー社長）らによって風力発電機の輸入会社「エコロジー・コーポレーション」が設立された。同社は、デンマークのミーコン社の風力発電機を輸入してきた。ミーコン社は世界20ヶ所の子会社をもつが、100％所有が原則ということで、1998年10月にエコロジー・コーポレーションを買収してエヌ・イー・ジー・ミーコン社が設立された。わが国では、海外風力発電機メーカーとして最初の子会社設立であった。

同社の立場から見て、日本とデンマークの間での市場の違いとして出発点の違いがあるという。第3章で述べたように、デンマークで風力発電が注目されるようになったきっかけは、これまでに述べたようにオイルショックであった。オイルショックによって石油供給の不安定さが露呈し、風力エネルギーへの注目が再度集まった。さらに古くをたどれば、中世からの風車にそのルーツがあ

---

[37] この項は、2000年2月15日に同社で行ったインタビューに基づいている。

る。このような長い風力エネルギーの利用の歴史および経験をふまえて、電力消費者、風車オーナー（発電）、電力会社という需要、供給、流通の三方ともが利益を得られるシステムが補助金なしに成立するように工夫されている。

それに対して日本では、オイルショック以後、原子力そして石炭にシフトしたため風力などの再生可能エネルギーを代替エネルギーとして利用する必要性がなかった。風力エネルギーが注目されるようになった背景には環境問題がある。したがって、コスト面よりも環境への効果が強調されてきた。例えば、NEDOの補助金のシステムもディベロッパー向けの制度であり、風力発電そのものが補助金がなくては成り立たない仕組みになってしまっているところに普及を妨げる一つの要因がある。今後、もっと税制などにおける工夫が必要であると思われる。

しかし、現在の補助金システムのもとではキャッシュフローがよいために銀行の融資が受けやすいというメリットもある。実際、平均的な風車設置ケースでは、資金の1割が自己資本で9割が銀行からの借り入れで賄われている。

今後、市場はさらに拡大すると見ている。その要因としては、まず規制緩和によって風力発電機設置可能な場所が増えるであろうという点が挙げられる。例えば、港への設置が解禁され、秋田県酒田市では防波堤の横に建設されている。今後の設置場所としては山の稜線[38]、海岸（特に、漁業権のないテトラと海岸の間）、河川敷、国立公園（第三種地域の開放、知事に許可権）が考えられる。また、国内市場では、商社がディベロッパーに積極的に参入してきている。そして、ハードウェアの面では風力発電機の大型化が挙げられるし、今後、1MW機を15～60基設置するというウインドファームの計画もいくつかもち上がっている。

日本では、町のシンボルや観光客誘致の目的で風車を建てる場合が多いので、1基や2基という少数の風車建設のオーダーが多かった。しかし、風車のコストを考慮すると、1基だけの建設ではなく最低4基の建設をすすめているとのことであった。さらに、400kW機や225kW機というような小型風力発電機はすすめていないということであった。また、系統接続について、本来は3万ボルトにつなぎたいわけだが、実際には9割が6,600ボルトへの接続となってい

る点が残念であるということであった。

　同社のこれまでの経験で、日本における風力発電機にはいくつもの課題があるという。まず第一に、故障が多くよく壊れる、よく止まるという根本的な問題である。しかし、これは原因が非常に多数あって解決は簡単ではない。これまでの経験による主な原因は次のような諸点である。

❶6,600ボルトにつないだための電力変動
❷雪で誘導電力が働かない
❸地震（地震に対してはボールセンサーがあり、はずれるとそれを元の位置に置き直さねばならない）
❹デンマーク以上の比率でブレーキパッドが消耗する
❺火災
❻乱流のためヨーの破損（対策としては、1サイズ上の機種のヨー・ギアを使用）
❼ギアボックス破損

　最後のギアボックス破損は日本だけの現象ではなく、全世界で1,250基以上のギアボックスが破損し、この修復のために一時NEGミーコン社は経営危機に陥ったほどの事故であった。この原因は、風力発電がデザイン的にはどこも大差がなく、コスト・価格の勝負となっているためと思われる。このような競争が激化したため、コストダウンを図ろうとギアの強度を落とした結果破損したと言われている。これらの故障対策として、エヌ・イー・ジー・ミーコン社ではメンテナンスサービス会社として「ウインドサービス社」を設立して対応しているとのことであった。

　第二の課題は電力の質である。風力発電による電力は「突入電力」、「電圧変動」、「周波数変動」などで、電力としての質は悪いといわれており、この点の克服が課題となっている。

---

(38) 筆者が調査したスペインのナヴァーラ県では、山の稜線にずらりと風車が並んでいるのを観察した。

5 日本の風力発電技術革新能力

　第3章から第5章まで見てきたヨーロッパの風力発電技術の場合、技術開発の方向として二つあった。一つは、それぞれの地域に伝統的に根ざした土着技術、あるいは地縁技術とでもいうべき技術をもとにして生産現場の意見を重視し、科学者やエンジニアが生産現場と同じ立場に立って技術開発を進めていくボトムアップ型である。もう一つは、最先端の技術を研究している科学者が主導し、政府や大企業が中心となって開発を進めていくトップダウン型である。デンマークはボトムアップ型を、ドイツやオランダ（そして、本書では触れていないがアメリカ合衆国）がトップダウン型の開発スタイルをそれぞれとってきた。

　本章で展望してきたわが国の風力発電の技術開発は、ボトムアップ型とトップダウン型のどちらに位置するのであろうか。わが国では、この両者が併存してきたと言ってよいだろう。戦前においては、諏訪などで広く使われていた揚水や灌漑のための風車は明らかに土着、あるいは地縁的な技術である。一方、本岡らによる風力技術の開発は、軍や政府系の研究機関で進められ、ヨーロッパに調査にも出掛けていることからしてトップダウン的である。しかし本岡は、啓蒙にも熱心で、土着的な灌漑用風車や地縁的な鉄工所にも指導したり、意見交換を行ってきたことを忘れてはならないだろう。

　戦後においては、ボトムアップ型の技術開発の典型例は山田風車である。大学などで専門的な教育を受けたわけでもない山田が独自に開発し、しかも大きな成功を収めたのはまさに地縁的な技術の蓄積がいかに有効であるかということの好例であろう。一方、サンシャイン計画以降、政府主導で進められた風力技術の開発はトップダウン型の典型例である。大企業による開発も、何らかの形で政府の育成政策と関連をもっており、トップダウン型の一環と言ってよいだろう。

風トピア計画の頃は山田風車が研究対象として取り上げられ、ボトムアップ型技術開発とトップダウン型の技術開発の間に交流があった。しかし、その後のサンシャイン計画やニューサンシャイン計画になると、この交流は途絶えてしまった。

　ヨーロッパの事例を振り返ると、風力という自然エネルギー利用において、必ずしも巨額の公的な研究費を投入したトップダウン型の科学志向の開発が成功しているわけではない。最も成功しているデンマークの風力発電機産業の例を見ても、ごく最近までボトムアップ的な技術開発の方向性をもっていたことが明らかである。

　ボトムアップ型とトップダウン型の併存するわが国の風力発電機産業が、現時点で大きな成功を収めているとはとうてい言えない。さらに、メガワットクラスの大型風力発電機の分野は様々な側面で高度な技術を求められ、地縁的な技術の入る余地は少なくなってきている。しかし、わが国の製造業では、歴史的に見て製造現場において細かい改良を積み重ねるゆっくりとした技術革新が得意であるという特徴がある。日本的な生産方式は、大企業といえども、社内ではボトムアップ的な性格が強く、いわばこうした土着的な力が日本の国際競争力を牽引してきたと言っても過言ではないのである。今後、この日本的生産方式によって、わが国風力発電機産業が成功する可能性は少なくないのである。

　また、公的な支援のあり方については、技術開発を支援するよりも市場開発を支援する方が効果的である。このことは、公的な支援を技術開発支援から市場開発支援に切り替えてから国内市場が爆発的に拡大し、それに伴って風力発電機産業も成長したドイツの例で明らかである。また、デンマークにおいても投資補助金制度が国内市場拡大のきっかけとなり、その後の発電電力の固定価格での買い上げが市場拡大を促す要因となってきたのである。今後、わが国の風力発電機産業をより一層発展させるためには、このような国内市場を育成する支援政策が求められる。

第 7 章
日本における再生可能エネルギー

ボーナス・エナギー社の 2 MW 機

1 再生可能エネルギーとは何か──利用および使用状況──

　われわれが健康で文化的な生活を送るということは、同時にエネルギーを大量に消費することでもある。エネルギー源には、使ってしまえばそれで終わりとされる枯渇性のエネルギーと、使っても改めて再度利用することができる再生可能なエネルギーがある。前者は、石油、石炭、天然ガスなどの「化石燃料」と呼ばれるエネルギー源である。これらは数億年前の生物の遺骸などが元となったもので、再度でき上がるためには同じような年月が必要とされ、実際問題としては使ってしまえばそれで「お終い」となるエネルギーである。当然、これらは埋蔵量に制限があり、使った分だけ減少してしまうため「枯渇性エネルギー源」と呼ばれている。

　これら化石系の枯渇性エネルギーは、利用するにあたり燃焼させねばならない。このため、燃焼に伴う二酸化炭素（CO_2）が発生し、地球の温暖化、大気汚染などという様々な環境破壊をもたらすことになる。特に、産業革命以降のわずか300年ほどの間にわれわれは、それまでの数千年にわたる人類の歴史にはなかった急激なペースで化石燃料を消費してしまった。このため、ローマクラブレポート（『成長の限界』）で示されたように、地球に残された化石燃料はあと何年の埋蔵量があるのかということが常に議論の対象となってきた。

　このような背景があって、化石燃料のような埋蔵量に制限のない、風力エネルギーをはじめとするエネルギー源に注目が集まることになった。これまでわが国では、このようなエネルギー源のことを「再生可能エネルギー（Renewable Energy）」という言葉より「新エネルギー」という言葉を使って表される機会が多かった。そして、1997年4月、「新エネルギー利用等の促進に関する特別措置法」（通称「新エネ法」）が施行されたわけである。同法で、新エネルギーは次のように定義されている。

　「石油代替エネルギーを製造し、若しくは発生させ、又利用すること及び

電気を製造して得られる動力を利用することのうち、経済性の面における制約から普及が十分でないものであって、その促進を図ることが石油代替エネルギーの導入を図るため特に必要なものとして政令で定めるもの」

さらに、1997年6月に施行された同法施行令によって、新エネルギーは次のように特定されている。なお、「バイオマス」と「雪氷」は、2002年1月の施行令改正によって追加されたものである。

①太陽光発電
②風力発電
③太陽熱利用
④温度差エネルギー利用
⑤天然ガスコージェネレーション
⑥燃料電池
⑦バイオマス
⑧雪氷
⑨再生資源を原材料とする燃料(再生資源燃料)
⑩排出された再生資源や再生資源燃料などを燃焼させて得られた熱を有効利用すること
⑪再生資源を原材料とする燃料の発電への利用
⑫電気自動車
⑬天然ガス自動車
⑭メタノール自動車

これらはさらに、「再生可能エネルギー(自然エネルギー)」と「再生可能エネルギー(リサイクル型エネルギー)」、「従来型エネルギーの新利用形態」に分けられる。上記の一覧では①から⑧までが自然エネルギー、⑨から⑪までがリサイクル型エネルギー、⑫から⑭までが従来型エネルギーの新利用形態に相当する。これらの中の、いくつかのエネルギー源の特徴を見てみよう[1]。

①の太陽光とは、太陽の「光エネルギー」を直接「電気エネルギー」に変換

する発電方法である。シリコン半導体などに光が当たると電気が発生する現象を利用している。

②の風力は、これまで本書において述べてきたように、風のエネルギーをプロペラによって回転運動に変換し、発電機を回して発電するものである。

③の太陽熱利用は、太陽の熱エネルギーを集熱器により集めて温水をつくり、給湯や風呂などに使うものである。温水をそのまま台所や風呂で使うだけでなく、温水を家屋内に循環させることによって暖房にも利用が可能である。また、吸収式冷凍機を使用すれば冷房に活用することもできる。

④の温度差エネルギーは、海水、河川水などの熱をヒートポンプで回収し、地域への熱供給事業を行うことである。

⑤の天然ガスコジェネレーションは、天然ガスを使いガスタービン発電機などにより自家電源として発電を行うとともに発生する熱を給湯や冷暖房に利用することで、病院やホテル、オフィスビルなどで現在利用されている。

⑥の燃料電池は、水の電気分解の原理を逆に使い、水素から電気を生み出す方式である。ガソリンを使わない自動車への利用で最近話題となっているが、自動車だけでなく、家庭やビルなどにおいても燃料電池を設置し、自家利用のための発電することも可能である。

⑪の廃棄物発電、廃棄物発電は、ごみの焼却熱を熱源として発電するシステムである。つまり、ごみを焼却する際の熱で高温高圧の蒸気をつくり、その蒸気でタービンを回転させて発電する。最近は、蒸気タービンとガスタービンを組み合わせた発電効率の高い「スーパーごみ発電」や、廃棄物を熱分解し、可燃ガスと再利用可能な資源に転換する「ガス化溶融炉」や、廃棄物固形化燃料（RDF: Refused Derived Fuel）による発電など、新しい技術が誕生している。

2002年の新エネ法の施行令を改正する政令によって、「バイオマス」と「雪氷」が追加されたことは既に述べた。バイオマスとは有機物で構成されている植物などの生物体（バイオマス）を、固体燃料、液体燃料、気体燃料に変化させて利用することである。昔から利用されている薪や木炭、アルコール発酵などによるメタノールをディーゼルエンジンなどの液体燃料として利用することもバイオマスの一つである。家畜の多い地域では、糞などをメタン発酵させて

生成したメタンガスを気体燃料として利用することも可能である。

　欧米では、新エネルギーに、従来からある技術の地熱や水力を合わせて「再生可能エネルギー」と表現していることが多い[2]。わが国でも、欧米諸国との概念の統一や統計的な比較を容易にするために「再生可能エネルギー」という用語を使うことが多くなってきた。

　新エネルギーによる発電能力の現状と見通しは、次の表7－1のようになっている。2010年の目標の「基本ケース」は、現行の対策を維持した場合で、「対策ケース」は官民の最大限の努力を前提とした目標である。まず、導入能力で最も多いのは廃棄物発電である。2000年と1996年を比較したときの増加率が最も高いのは風力で、2010年の目標値を2000年と比較したときの増加率も風力が最も高い。2002年に新ネルギーに追加されたバイオマスは、まだまだ水準も増加率も低い。これにより、風力発電へ期待が集まっていることがわかる。

表7－1　新エネルギーによる発電能力の現状と見通し

	1996年度	2000年度	2000年度／1996年度	2010年度目標		2010年度／2000年度
				基本ケース	対策ケース	
太陽光発電	5.5万kW	33.0万kW	約6倍	254万kW	482万kW	約15倍
風力発電	1.4万kW	14.4万kW	約10倍	32万kW	300万kW	約23倍
廃棄物発電	89万kW	103万kW	約1.2倍	175万kW	417万kW	約5倍
バイオマス発電	n.a.	6.9万kW	n.a.	16万kW	33万kW	約7倍

出所：2000年度の発電量および2010年度目標は堀［2002］、1996年度の発電量は経済産業省資源エネルギー庁［2001］p.221、図表4－1による。

---

(1) 各エネルギー源の詳しい説明は、新エネルギー財団のホームページ http:www.nef.or.jp/energy/2002/による。
(2) 経済産業省資源エネルギー庁［2001］p.226。

2 日本における再生可能エネルギー利用促進政策

　再生可能エネルギーの利用を促進するための政策も、そのほかの経済政策と同様に民間経済の意思決定に対して介入的な性格をもつ政策と市場メカニズムを活用しようという政策に分けられる。また、再生可能エネルギー政策固有の方法として、住民の環境意識に訴えるような方法もある。介入的な政策としては、まず公的機関による研究開発が挙げられる。各種の補助金・税の軽減、マイナスの補助金としての環境税は、市場メカニズムによる政策と考える場合もあるが、その対象や金額、率に恣意性があり、介入的な側面も強くもっている。市場を活用しようという政策には、競争入札やグリーン証書などがある。ここでは、再生可能エネルギーの中で風力発電に焦点をしぼって促進政策の概要を展望しよう。

　わが国の産業政策は、伝統的に「補助金」や「税の軽減措置」、「優遇的な金融」という三つを主要な政策手段としてきた。そして、それらの政策措置の法的根拠として、一定期間のみ有効な臨時措置法や特別措置法を制定してきた。再生可能エネルギーの促進政策においても、そのような方法による促進政策がいくつかとられてきている。その三つを中心として、日本の再生可能エネルギー利用促進政策について簡単に説明しておこう。

(1) 補助金

　補助金は、いわばマイナスの税制であり、経済学的には税と同じ効果をもつ。

❶フィールドテスト事業補助金

　1995年から、「フィールドテスト事業補助金制度（風力発電開発支援）」という制度が開始した。これは、「風況調査」と「システム設計」という事前調査

と、設備の設置に関する「運転研究」という三つの分野が対象となっている。風況調査とは、年間を通じて風力エネルギー量や風向、そして環境への影響など風の状況を調べることで、風力発電機を建てる前に必ず行わなければならない調査である。フィールドテスト事業では、風況調査については100％の補助金が出る。システム設計とは、風況調査を行った後、風力発電機をどの場所に建てるか、風力発電機の発電能力などの仕様を検討し、実際の風力発電所を具体化するものである。これについては通常50％の補助であるが、特例によって3分の2が補助される場合もある。運転研究は実際に風力発電機を設置し、運転データの収集と評価を行うものである。この運転研究も原則としては50％の補助である。

対象となるのは、地方自治体、民間団体、企業などで、NEDO（新エネルギー・産業技術総合開発機構）と共同研究という形態をとる。ちなみに、フィールドテスト事業の2002年度予算は4億6,000万円であった。

❷新エネルギー導入促進事業

1997年より、二つの助成制度が追加された。どちらも新エネルギー設備の設置に伴う助成である。その一つが、新エネルギー導入促進事業である。これは、「新エネルギー利用等の促進に関する特別措置法」に基づいて認定を受けた利用計画を実施する事業者に対して新エネルギー設備の設置費用を補助するとともに、債務保証も行う制度である。新エネルギーが対象であるため、当然、風力には限定されているわけではない。対象となる事業はエネルギーごとに規模が決められており、風力の場合は、当初は出力800kW以上であったが、その後1,500kW以上に改訂された。対象事業者は、新エネルギー事業を行う民間企業などである。

補助率は、設置費用の3分の1以内（2002年度の場合には3分の1×0.8以内）となっている。債務保証については保証対象債務の90％を保証している。2002年度の予算は、新エネルギー全体で176億3,000万円であった。

❸地域新エネルギー導入促進事業

　1997年から始まったもう一つの助成制度が、地域新エネルギー導入促進事業である。これは、地域において先進的かつ大規模な新エネルギーを導入しようとする地方公共団体、あるいは地方公共団体の出資する第三セクターが対象となる。前項の新エネルギー導入促進事業と同様に設備の規模に条件があり、風力発電の場合、当初1,200kW以上の出力であったが、現在は1,500kW以上でなければならない。また、1,500kW以上5,000kW未満の場合には事業費の2分の1×0.9以内の金額、5,000kW以上の場合には事業費の3分の1×0.9以内の金額が補助される。2002年度の予算は、新エネルギー全体で101億4,000万円であった。

（2）税制

　税制を利用して環境問題に対応しようという政策は、**表7－2**のように世界の国々でとられている。

　税制上は、ある条件のもとで税負担を軽減する優遇税制と、逆に課税する場合の二つのやり方がある。優遇税制は、前ページの補助金と実質的に同じ意味をもつ。

❶エネルギー需給構造改革投資促進税制（国税）

　この制度は再生可能エネルギーや新エネルギーの利用促進だけではなく、石油以外のエネルギー源の利用を促進するような機械への投資を促進するための制度である。新エネルギー関連で対象設備となるのは、太陽光利用設備、風力発電設備、太陽熱利用装置、燃料電池設備、廃棄物利用装置などである。具体的な優遇方法は、基準取得額の7％相当額の税額控除、または初年度30％の特別償却のどちらかを選択することとなっている。

❷ローカルエネルギー利用設備の固定資産税

　太陽、風力、廃棄物などの地域エネルギーを利用した取得価額520万円以上

表7－2　環境問題に対応するための税・課徴金の導入例の国際比較

目的・主体 国名	地球温暖化	大気環境保全（地球温暖化対策以外／水環境保全／土壌環境保全）		廃棄物／リサイクル対策	
	国（連邦）	国（連邦）	地方	国（連邦）	地方
アメリカ	―	オゾン層破壊物質税	―	―	―
イギリス	気候変動税（2001年導入予定） 炭化水素油税の段階的引き上げ （1993～1999年まで）	採掘税 （2002年度導入予定）	―	埋立税	―
ドイツ	鉱油税に段階的引き上げ 電気税導入	―	排出課徴金	―	有害廃棄物処理課徴金
フランス	炭素含有量に応じた燃料課税* →2001年導入予定であったが憲法院において無効判決	排出課徴金 硫黄酸化物* 窒素酸化物	―	廃棄物税（埋立）*	廃棄物処理税
イタリア	物品税の段階的引き上げ（鉱物油）と課税対象拡大（石炭等）	硫黄酸化物 窒素酸化物	―	―	廃棄物課徴金
オランダ	炭素・エネルギー税（一般燃料税・燃料規制税）	水質汚濁課徴金	水質汚濁課徴金	廃棄物税（埋立等）	廃棄物課徴金
デンマーク	炭素税	硫黄税　水質汚濁税	―	廃棄物税（埋立等）	―
スウェーデン	炭素税	硫黄税	―	廃棄物税（埋立）	廃棄物課徴金
ノルウェー	炭素税	硫黄税	―	廃棄物税（埋立等）	廃棄物収集処理税
フィンランド	炭素税	―	水質汚濁課徴金	廃棄物税（埋立）	廃棄物課徴金（回収・処理）

（注1）　表中の税・課徴金は例であり、すべてを網羅するものではない。
（注2）　フランスで＊を付したものについては、汚染活動を一般税として徴収されてる。
（資料）　各国資料による。
出所：財務省環境問題への税制面からの対応に関する資料（平成15年4月現在）のホームページ http://www.mof.go.jp/jouhou/syuzei/siryou/201.htm より転載。

の設備について、3年間、固定資産税の課税標準額を6分の5の額として減じる制度である。

❸環境税

　風力発電の促進とは直接かかわらないが、環境に負荷をかけるようなエネルギーの使い方に課税することによって、環境を悪化させる物質の排出を抑えるという方法も世界各国で採用されている。北欧の4ヶ国（デンマーク、スウェーデン、ノルウェー、フィンランド）などヨーロッパでは、二酸化炭素を排出する化石燃料に課税する炭素税を導入している国が多い。わが国でも、1997年に京都で開かれた地球温暖化防止会議で世界に公約した二酸化炭素排出の削減目標（2012年までに1990年比6％減）達成するために、環境省が2005年度からの導入を目指している。しかし、産業界をはじめとして反対意見が多く、今後さらに議論されていくと思われる。

（3）融資

　新エネルギー促進政策の中での融資関係の制度としては、「地域エネルギー開発利用事業」および「地域エネルギー開発利用発電事業」にそれぞれ普及促進融資制度（利子補給）がある。これは、新エネルギー財団（NEF: New Energy Foundation）が実施している制度である。地域エネルギー開発利用事業および発電事業を普及させるために、利子補給という形態で低利の融資を可能とし、地域エネルギーの利用を促進させようという目的である。

　「地域エネルギー」という言葉は本書の中でこれまでは出てこなかったが、以下のように定義されている。

　　　「地域エネルギーとは、身近にありながら、これまで十分な開発利用が
　　　行われなかったエネルギーで、地域の特性を生かした活用が十分に期待さ
　　　れる小規模・分散型のエネルギー」（NEFホームページ、http://www.nef.
　　　or.jp/chiiki/chiiki.htm による）

例としては、太陽、風力、バイオマス、廃熱、廃棄物が挙げられており、新エネルギーとほとんど同じと考えてよい。対象となる事業は、上記のような地域エネルギーのうち、各年ごとに指定されたものとなっている。2003年度の場合、「地域エネルギー開発利用事業」では地熱利用事業、廃熱利用事業、温度差熱／雪氷熱利用事業、廃棄物／バイオマス利用事業となっている。同発電事業では、地熱発電、風力、太陽光、廃熱、廃棄物／バイオマスによる発電となっている。

利率は長期貸出最優遇金利に年0.5％を加えた利率以下で、利子補給率は年利〔契約時の借入金利÷2〕％（ただし上限3％）である。「地域エネルギー開発利用事業」では、1件当たりの融資額は、廃棄物／バイオマス利用事業の場合3億円以下、地熱利用事業、廃熱利用事業、温度差熱／雪氷熱利用事業では5億円以下、そして複合利用事業についても5億円以下となっている。また、償還期限は10年以内である。また、「地域エネルギー開発利用発電事業」では、1件当たりの融資額が、地熱発電の場合3億円以下、風力や太陽光、廃熱、廃棄物／バイオマス利用発電の場合は4億円以下、そして複合利用発電事業は5億円以下となっている。

（4）固定価格購入制度

再生可能エネルギーによって発電された電力を固定価格で購入させるという政策は、デンマークやドイツといった再生可能エネルギー利用が進んでいる国々で早くから用いられてきた政策手段である。この制度は、導入初期にはかなり有効であったことが認められている。しかし近年、政府介入による政策効果に疑問が投げかけられ、自由化が世界の潮流となっている中で、固定価格購入制度はデンマークやドイツにおいても見直されつつある。

（5）技術開発

技術開発について、政府が主導して推進するという政策手段もわが国の産業

政策の伝統的な方法の一つであった。新エネルギーの活用についても、政府は様々な方面で積極的なかかわりをもってきた。技術開発についてはすでに第6章で展望しているので、そちらを参照していただきたい。

（6）電力市場の変化と市場的政策

わが国では、発電から送配電まで完全に電力会社が地域独占で供給してきた。ゆえに、風力などの再生可能エネルギーによる電力が市場で取引されるためには、まず市場の開放が必要であった。1992年、電力不足という問題が発生し、電気事業連合会は「新エネルギー等分散型電源からの余剰電力購入方針」という基本方針を打ち出した。これに従って、非一般電力事業者によって発電された電力のうち、自家発電設備や燃料電池、コージェネレーションなどの新エネルギーという分散型の発電設備からの余剰電力を、電力の販売料金に等しい単価で購入するという制度が発足した。当初は、契約期間が1年のみであった。しかしその後、風力による発電が安定化してきたことに伴って1998年より長期メニューが導入された。この余剰電力購入制度に則って電力会社が購入した余剰電力は、1992年から1998年までの間に表7-3のように増加していった。

近年、再生可能エネルギーの利用を市場メカニズムによって促進しようという試みが世界各国でなされている。その代表的な方法が、「RPS（Renewable Portfolio Standard）」と呼ばれるアメリカ合衆国で始まったやり方である。日本語では、「再生可能エネルギー割当制度」や「再生可能エネルギー購入クォータ」と訳されている。これは、次のような仕組みになっている。

まず、電力全体に占める再生可能エ

表7-3　余剰電力購入量の推移
（単位：MWh）

年度	太陽光発電	風力発電
1992	3	13
1993	20	394
1994	211	276
1995	1430	1213
1996	3693	3577
1997	8963	9043
1998	17446	23850

出所：電気事業連合会 http://www.fepc.or.jp/KOHO/0001 kai-s 2.htm。

図7−1　日本のRPS

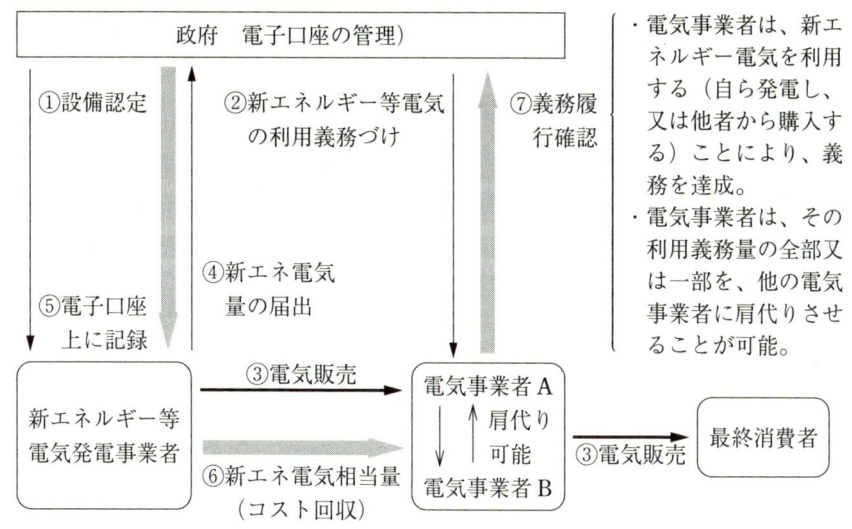

```
         ┌─────政府　電子口座の管理）─────┐
         │                                  │
①設備認定  ②新エネルギー等電気   ⑦義務履
         │   の利用義務づけ     行確認
         │                                  │
         │  ④新エネ電気                    │
⑤電子口座 │    量の届出                    │
  上に記録│                                  │
         ↓         ③電気販売              │
  新エネルギー等 ─────────→ 電気事業者A
  電気発電事業者 ←───────── 肩代り  ───③電気販売──→ 最終消費者
              ⑥新エネ電気相当量  可能
                 （コスト回収）   電気事業者B
```

・電気事業者は、新エネルギー電気を利用する（自ら発電し、又は他者から購入する）ことにより、義務を達成。
・電気事業者は、その利用義務量の全部又は一部を、他の電気事業者に肩代りさせることが可能。

出所：資源エネルギー庁資料。

ネルギーによる電力の比率を決定する。これは、電力の小売り事業者または消費者にとっての義務とされる。政府は目標とする再生可能エネルギーによる発電量に相当するクレジット（証書）を発行し、再生可能エネルギーによる発電事業者にそれを渡す。そして、小売り電力事業者には次の三つの選択肢がある。

❶自ら再生可能エネルギーによる発電設備を保有・発電し、クレジットを入手する。
❷ほかの再生可能エネルギーによる発電事業者から再生可能エネルギーによって発電された電力を購入し、クレジットを手に入れる。
❸自らは再生可能エネルギーによる発電もせず、ほかの発電事業者による再生可能エネルギーによって発電された電力も購入しないで、クレジットの市場でクレジットだけ購入する。

わが国でも2002年に「電気事業者による新エネルギー等の利用に関する特別措置法」が制定され、2003年4月1日より公布された。これは通称「RPS

法」と呼ばれている。この法律の目的は、「エネルギーの安定供給に資するため、電気事業者による新エネルギー利用に関する措置を講じ、もって環境の保全に寄与し、および国民経済の健全な発展に資すること」である。そして、経済産業大臣が新エネルギー（風力、太陽光、バイオマス、中小水力、地熱発電）による新エネルギー電力の利用目標を定め、各電気事業者にその販売量に応じて一定割合の新エネルギー電気の利用を義務づけている。ただし、義務の履行にあたって、自ら新エネルギー電気を発電しなければいけないというわけではなく、ほかから新エネルギー電気を購入したり、ほかの電気事業者に義務を肩代わりさせてもよいことになっている。各電気事業者は、経済性などを考慮して自分に有利な方法を選択してよい。

3 日本の再生可能エネルギー普及政策と風力発電

　第1章でも述べたように、わが国の風力発電の伸び率は世界的に比べても高い値となっている。また、2010年の設置目標も引き上げられ、この目標を達成するためにも継続して高い伸び率を維持しなければならない。
　この数年、大型の風力発電所がいくつも設置されるようになってきた。このような投資ブームを支えているのは補助金である。ヨーロッパの事例を見ても、風力発電所設置に関わる補助金が風力発電機需要を高める上で一定の効果をもつと考えられる。しかし、補助金と同時に発電した電力の固定価格買い入れ制度などのほかの手段との組み合わせが、その効果をより高めることも明らかになっている。わが国も、市場を活用して再生可能エネルギーの普及を図るRPS制度も始まった。ただ、まだ始まって1年も経たないため、その評価について論じるのは時期尚早であろう。
　2010年の300万kWという目標を達成するのは容易でないと言われている。この目標を実現するためにも、どのような政策が効果的かを継続して考えていくことが必要となる。

終章

風力発電の技術革新能力

メンテナンス中の上平グリーンヒルウインドファームのボーナス機

以上、風力発電機産業をめぐる技術革新に関する問題解決方法、すなわちイノベーション・システムを風力発電機という分野にしぼって国際比較してきた。現在（2003年末）の時点では、国として風力発電機産業が最も成功を収めているのはデンマークである。それに続いているのはドイツであり、オランダと日本の風力発電機産業はほぼ同じ市場シェアにとどまっている。それでは、何故、デンマークがこのように風力発電機産業で成功を収めたのだろうか。最後に、この終章において、技術革新能力を形成するさまざまな要因を国別に比較することによって、風力発電の技術革新の世界でデンマーク・モデルが何故有効だったのかを考えてみることにしよう。

　本書の「はじめに」でも述べたように、技術開発は投入すれば必ず結果が得られるという性格のものではない。また、過去の技術的遺産の上に新しい技術が生まれるという経路依存性をもっている。研究開発の経過で生じる諸問題への対応の仕方によって結果は大きく異なってくるし、このような対応の仕方自体が歴史的な産物である。そのため、技術革新システムは国や地域によって異なっており、同じ製品分野で同じように技術開発を積み重ねてもその成果は異なってくるのである。その例として自動車を考えてみると、長らく大型乗用車のみをつくってきたアメリカの自動車メーカーが中・小型車の分野に進出してからかなりの年月が経つ。しかし、いまだにアメリカの自動車メーカーは、中・小型乗用車の開発について国際的な競争力をもつに至っていない。製品進化の過程で大型車という違う種に分化してしまった後に、別の進化の途を辿った中・小型車という種を開発することはきわめて難しいのである。

　本書で展望した風力発電機は、産業として確立してからの歴史は自動車に比べると非常に短い。技術の進化の過程での分化がすでに生じているのかどうかはまだわからない。よって、後発国にも挽回の可能性はあるのだろうか。そこで、優位な技術革新能力を形成するための要因を探ってみよう。

　これまでは国別に技術開発の過程を追ってきたが、ここでは技術革新能力の要因ごとに見ていこう。ここで考える技術革新能力の形成要因は、基盤となる技術、参入してきた企業の背景、それらの企業の規模、中心となる人物、研究機関、公的な支援、教育制度と教育機関、情報の伝達システムである。

終章　風力発電の技術革新能力　215

(1) 基盤となる技術

　デンマークの場合、伝統的な粉挽き風車を建てたり維持管理したりする風車大工のような職人たちと、風車を使って発電しようとするパイオニアたちとの間に交流があった。例えば、ポール・ラ・クールの最初の風車の羽根は鎧戸式の羽根であったが、その後、風車羽根の職人クリスチャン・ソーレンセンの6枚羽根のコーン型の羽根をつけた塔型風車になり、それがさらに通常の4枚羽根に取り換えられるといったプロセスのなかで風車大工たちとの意見交換が重要な役割を果たした。近代的な発電用風車の基礎となったゲッサー風車を商品として実用化したリーセーアは、風車専門ではないが大工・家具職人であった。このように、初期の風力発電機には大工などの職人の技術が基礎となっていた。
　1970年代の終わりから1980年代にかけて、多くのメーカーが風力発電機産業に参入した。これらは、重機・クレーン（ヴェスタス社）、水を運ぶタンク（ノータンク社、現NEGミーコン社）、散水機（ボーナス・エナギー社）などのように、農業に関連した機械、機器のメーカーであった。これは、初期の風力発電機へ投資していたのが主に農家だったので、顧客からの意見を聞くチャンネルをもつという点で大きな意味があった。これらの企業は、当時、いずれも規模の小さい企業であった。もともと、デンマークには機械系の大企業は存在しなかったため、航空機や重電機といった巨大なメーカーが風力発電に関わることはなかった。
　ドイツでも伝統的な風車は多く使われていたが、それらが発電用風車にかかわったという記録はなかった。第二次世界大戦後にヒュッターが革新的な風車開発を進めたときに、実際の建設に携わったのは有名な機械会社のMAN社（グロヴィアン）や、航空機メーカーとして名を知られたメッサーシュミット・ベルコウ・ブロム社（モノプテロス）といった巨大企業であった。これらのメーカーは、現在は風力発電機の生産は行っていない。その後、世界市場で活躍しているドイツのメーカーは、風力にかかわってきたエンジニアが最初から風力発電機メーカーとして創業したものである。

オランダは伝統的な風車の国として最も有名である。伝統的な風車や風車大工が発電用風車に挑戦したことがなかったわけではないが、結局、それが実用化されることはなかった。風力エネルギー自体が、オイルショックが起きるまで実用的なエネルギー源として省みられなかった。オイルショック後に始まった国家プロジェクトとしての風力発電機開発に参加したのは、ドイツと同様に大企業であった。航空機メーカーのフォッケル社、総合機械メーカーのストルク社、電機・電子メーカーのホレク社などであった。これらの大メーカーは、結局、風力発電機から撤退してしまい、最後まで残っていたラーヘルウェイ社も2003年に倒産し、オランダに風力発電機メーカーはなくなってしまった。

日本の場合には、本格的に商業用風車を生産したことのあるのは、三菱重工、ヤマハ発動機、富士重工の3社である。この3社の風力発電への取り組みは、いずれもヘリコプターを含む航空機の技術が経緯となっている。三菱重工は造船所での風力発電機生産であるが、出発点は定期的に廃棄される自衛隊のヘリコプター用ローターの活用であったという[1]。ヤマハ発動機の場合には、第二次世界大戦中に手がけていた飛行機のプロペラの技術が風力発電機生産の一つのきっかけとなっている。富士重工の場合、風力発電機を開発したのは航空機の生産拠点であることから、航空技術の蓄積が風力発電機開発に活用されたものと考えられる。

(2) 中心となる人物

技術開発にはリスクが不可避である。そのような危険を十分考慮した上で、リスクへの挑戦を果敢に進める人物がいなければ技術開発は進みにくい。

デンマークの場合、風力発電機開発を最も初期に主導したのは、言うまでもなくポール・ラ・クールである。ポール・ラ・クールはフォルケホイスコーレの教師であった。しかし、彼の活動はそれにとどまらなかった。「デンマーク風力発電会社」を立ち上げたり、「地域のための電気技術者養成講座」という学校を主宰したりし、リスクに挑む企業家的な役割も果たしたのである。ラ・クールは科学者であるが、アカデミズムや権威に反対してきた人物である。そ

して、もう一人のキーパーソンはヨハネス・ユールである。彼は農家出身の技術者で、若くしてラ・クールの電気技術者養成講座で勉強したという経歴をもっている。

　ドイツの場合には、何と言ってもヒュッターの存在が大きいだろう。ヒュッターは、典型的な科学者であった。理論的に、合理的で効率性が高い風力発電機を推進してきた。科学者による技術開発推進は、研究開発とその成果の間の関係を単線的に考えがちである。ヒュッターの場合も、理論的に優れた風力発電機を開発したわけであるが、実際に建てられた風力発電機は理論通りには動かず、むしろさまざまなトラブルが発生した。このような理論を万能と考える思考は科学者にはしばしば見られる傾向であるが、マティアス・ハイマン氏はこのような姿勢を「科学者の傲慢」と呼んでいる。

　デンマークやドイツと違ってオランダの場合は、風力発電機開発がある特定の人物に主導されてきたとは言えない。だが、日本の場合は、小型風車を独自に開発し、かなりの程度普及させた山田基博の存在が際だっている。特別な教育を受けることもなく風力発電機の普及に尽力した姿勢は、まさに地縁的な技術と言っていいだろう。1970年代の「風トピア計画」のなかで高く評価されたにもかかわらず、山田風車が現代の風力発電につながっていないのは非常に残念なことである[2]。現代生産されている商業用風力発電機は、いずれも大企業が組織として開発した製品であり、特定の個人に代表させることは難しい。

（3）研究機関

　技術革新能力の形成にあたっては、研究機関が大きな影響を及ぼすことが少なくない。デンマークでは、1955年に設立されたリソ国立研究所の存在が大きい。同研究所は、すでに述べたように、当初は原子力エネルギーの研究所とし

---

(1) 三菱重工株式会社長崎造船所のホームページによる。
(2) 北海道自然エネルギー研究センターが開発し、北海道の北檜山町と岡山県の鏡野町に建てられている集合型大容量風力発電システムには、山田基博のアイデアが活かされているという。

て設立された機関である。その後、1978年に風力発電機の「テスト&リサーチ・センター」が設立され、風力発電機の研究拠点として脚光をあびるようになった。特に、1979年に風力発電機設置への補助金制度ができてからは、補助金を得るためには品質についてリソ国立研究所の認証を受けなければならなくなり、ますますその役割は重要となった。実験や製品認証のために同研究所を訪れた、各メーカーの技術者の間での意見交換の場としても重要な役割を果たした。このようにリソ国立研究所は、試験機関、製品の認証機関として重要な役割は果たしたが、製品開発を主導したわけではないという点に注目しなければならない。

ドイツやオランダ、そして日本にも風力発電の研究に取り組む研究機関はあったが、デンマークのリソ国立研究所のように、決定的な役割を果たした研究機関は存在しなかった。

（4）教育

デンマークにおける風力発電技術の革新能力の形成では、教育機関も重要な役割を果たしている。ラ・クールが勤務していたのはアスコウのフォルケホイスコーレであった。ツヴィンの大型風車を建てたのもフォルケホイスコーレだった。フォルケホイスコーレは、第3章でも述べたようにデンマーク独特の教育制度である。正規の教育機関であるが、目的は成人教育である。通常、3ヶ月間にわたり学習する。このユニークな教育制度は、デンマークの教育学で神学者である N.F.S.グルントヴィによって提唱されたものである。

アスコウのフォルケホイスコーレは1865年に設立され、フォルケホイスコーレの中でも古い方に属する。既成の教育制度の権威主義に対して、自由な教育を目指しつつも、既成の大学に負けない教育水準を目指していた。前年の1864年にシュレスヴィ・ホルシュタイン戦争に敗れユトランド半島南部がドイツ領となり、失意にあったデンマーク人を鼓舞することにもなった[3]。反権威主義という姿勢は、あとで述べるように、デンマークでの意思決定が科学者によって指導されるトップダウン型ではなく現場の知恵を重視するボトムアップ型を

重視するという、デンマークの技術革新能力を形成する上で重要な役割を果たした。デンマークの風車の普及過程では、協同組合による風力発電所の設立が多かった。デンマークでは協同組合が盛んであるが、その背景となったのもグルントヴィの思想であったという。

デンマーク以外の国では、風力発電にかかわる教育機関にデンマークのフォルケホイスコーレのような組織は見いだせない。ここにも、デンマークが風力発電に関する高い技術開発能力を形成する要因が見いだされる。

(5) 公的な支援

技術開発を支援する公共政策というと、研究開発のための資金援助が考えられる。オランダやドイツでは、政府が主導して風力発電機開発プログラムを立てて多額の研究資金が投入された。デンマークでも、古くはラ・クールやユールの研究に対して研究補助をしたこともある。しかし、近代的な風力発電機開発に対しては、技術開発に対する直接的な資金援助よりは1979年に始まった風力発電機を設置する者への建設補助金が中心となった。このように、風力発電機の需要面を支える市場補助政策は非常に有効であった。

(6) 情報の伝達システム

以上、検討してきたような、技術開発能力を形成する諸要因を整理すると**表 終-1**のようになる。そして、これらの諸要因によって決められてくるもう一つの要因に情報伝達システムがある。最先端の科学知識を身につけた科学者や、大学、あるいは巨大企業によって先導される革新システムは、研究開発への投資とその成果を直接的に結びつけねばならない単線的な革新システムになりがちである。しかし、技術開発はさまざまな不確実な要因にあふれている。

---

(3) フォルケホイスコーレについては清水[1996]を参照されたい。シュレヴィ・ホルシュタイン戦争と風力発電開発の関係については、田渕[2002]を参照されたい。なお、田渕[2002]は山川出版より刊行される予定である。

技術革新の成果というものも意図して得られる場合ばかりでなく、意図せざるところから重大な発明や発見が生まれるケースも稀ではない。また、技術には経路依存性があり、これまでの技術的な経緯を熟知しておくことも必要である。このような場合、技術開発のシステムが階層的で、意思決定が上位の階層からトップダウンで下ろされるようなシステムは必ずしも効率的ではない。むしろ、技術開発の現場に近い下位の階層から上位の階層に情報が伝達するボトムアップ型の伝達経路の方が技術開発に伴う不確実性に対応する上で有益な場合が多い。あるいは、技術開発の組織そのものが、階層的ではなく、フラットな構造の方が情報共有という点では有利となる場合もある。

このように技術革新能力を形成する諸要因を検討すると、さまざまな点でデンマーク型技術革新システム、すなわちデンマーク・モデルが成功を収めたことが納得できる。しかし、デンマークでもすべての点で成功しているわけではない。というのも、政府が計画したニーベ風車や送電会社が計画した二つの大

表　終―1

	デンマーク	ドイツ	オランダ	日本
技術基盤	風車／機械	航空	航空／機械	造船／航空
主要プレイヤー	農機具メーカー	航空機メーカー 重機械メーカー	重機械 造船 航空機	造船 航空
企業規模	中小	大	大	大
発電機の規模	中小型	大型	大型	大／中小型
先駆的人物	ラ・クール	ヒュッター	―	山田基博
研究機関	リソ		ECN	産業技術総合研究所
公的補助	市場補助	技術支援	技術支援	市場補助
教育	フォルケホイスコーレ	大学	工科大学	大学
意思決定	ボトムアップ	トップダウン	トップダウン	ボトムアップ／トップダウン

出所：筆者作成。

型機の開発は成功しなかった。この二つの計画はトップダウン型に決められたものであり、そこに失敗の要因の一つがあるのであろう。

　本書で展望してきた風力発電機の技術開発の場合には、トップダウン型とボトムアップ型を比べた場合、ボトムアップ型のデンマークが成功を収めてきたことは間違いがないだろう。現場からのボトムアップによる情報の伝達、組織内での情報共有というのは、日本の生産現場の特徴でもある。「はじめに」でも書いたように、技術革新が跳躍的であるか、漸進的であるかは相対的なものである。風力発電機の技術開発は、これまでどちらかといえば漸進的な技術進歩の積み重ねであった。これは、自然を利用する産業の特性の一つであろう。どちらかといえば、漸進的な技術革新が得意と言われるわが国は、情報伝達経路でも現場からの積み上げに特徴があり、この点を活かすことで、今後ますます必要性が高まるに違いない。自然エネルギー分野での、わが国企業の活躍する余地は小さくないものと思われる。

　一方、これまで成功してきたデンマークの風力発電機産業であるが、ここにきて大きな転機が訪れているのではないだろうか。第一に風力発電機自体が非常に大型化してきたため、これまで以上に精密な設計が求められるようになってきた。技術的にも高度となり、従来のような生産現場からのボトムアップという情報伝達経路の維持が次第に困難になってくると思われる。第二に、市場のグローバル化で生産拠点も世界中に広がってきている。このようななかでも、これまでと同じ技術革新システムが維持するのは難問であろう。製品の大型化、市場のグローバル化の結果でもあるが、企業規模の拡大が最後に挙げられる。本書、執筆の最終段階で明らかになったヴェスタス社と NEG ミーコン社というデンマークの二大メーカーの合併は、市場をますます寡占化させるものである。企業規模が大きくなりすぎることは、社内の情報伝達に障害が出ることも懸念される。各社の技術はこれまでの技術経験の上にあるという経路依存性の問題を考えるとき、これまで製品の特徴が異なっていたこの 2 社の合併後の技術のゆくえには、どちらの技術基盤を継承していくのかという難問が待っているように思われる。

あとがき

　風力発電機に関心をもったのは、コペンハーゲン商科大学へ1年間の在外研究として滞在する機会を得たことがきっかけである。デンマークのユトランド半島は、北イタリアや南ドイツと並んで、いわゆる産業地域として知られているにもかかわらず、日本でデンマークの中小企業を研究している人がいないというのが在外研究の対象としてデンマークを選んだ動機であった。
　そのユトランド半島の産業地域を代表する産業が風力発電機だったのである。たまたま、風力発電機産業の研究では先駆的な業績を上げているピーター・カヌーのオフィスが私に与えられたオフィスのすぐそばであったために、ピーターからいろいろなことを教えてもらい、デンマークに滞在している間に幾つかの工場などを訪問する機会を得た。帰国後、科学研究費の助成を受けることができ、数度にわたりヨーロッパ各地の調査を行った。そこで、これまでの成果をまとめた結果が本書となった。
　ヨーロッパへの調査は実施できたのだが、アメリカ合衆国への調査を実施することができなかった。風力発電機が産業として確立する上で、アメリカ合衆国、とりわけカリフォルニアでの風力発電ブームが大きな役割を果たしたことは明らかである。カリフォルニア市場では、アメリカ製の風力発電機も数多く設置された。映画などでよく見る水汲み用の多翼風車からもわかるように、アメリカは伝統的にも風力エネルギーとの関連は深い国である。筆者のこれまでの調査がヨーロッパを中心としてきたため、今回はアメリカの風力発電技術について触れることができなかった。アメリカを含んだ国際比較は、次の課題としておきたい。

あとがき

　本書作成の過程では多くの方々にお世話になった。とりわけ、コペンハーゲン商科大学のピーター・カヌー氏は、先に述べたように、筆者が風力発電に関心をもつ直接的なきっかけをつくってくれた。電気博物館の　イット・トーンダール（Jytte Thorndahl）氏は、筆者が宮脇利果さんと共同で同氏の著作を翻訳する作業を通じて、ラ・クールからユールに至るまでのデンマーク風力発電史の最も重要な時期についてさまざまなことを教えていただいた。この訳業にあたっては、一緒にデンマーク語を勉強していた宮脇利果さんに大変なご苦労をかけた。慣れないデンマーク語を日本語の文章にして定期的に風力エネルギー協会の機関誌に掲載していただくという作業は、予想をはるかに上回る苦労があり、宮脇さんと、我々の辛抱強い指導者である大阪外国語大学田辺欧助教授には本当に感謝しなければならない。

　トーンダール氏はまた、風力発電史の研究者の方々を紹介してくださった。近代的な風車だけでなく、伝統的な風車にも興味をもつきっかけをつくってくれたのは風車大工のジョン・イェンセン氏とその友人でジョンさんを紹介してくれた田口繁夫氏のお二人である。ジョンさんは、風車大工たちが近代的な風力発電の草創期にいかに重要な役割を果たしたのかを教えてくださった。

　日本に帰国してから、日本風力エネルギー協会では、現会長の牛山泉先生、東海大学の関和市先生をはじめ、大変多くの先生方にお世話になった。牛山先生には本書の草稿の一部に目を通していただき、貴重なコメントをいただいた。また、風力発電機産業についての報告をした関西中小企業研究会、大阪ガスの規制と競争フォーラムの先生方にも貴重なコメントを多数いただいた。後者では、大学院時代以来お世話になっている神戸大学大学院の新庄浩二先生より多くのコメントをいただいた。筆者がデンマークに滞在しているときに「風のがっこう」を開校されたステファン・スズキ氏にもお世話になった。

　ヴェスタス、NEGミーコン、LMグラスファイバー、三菱重工、ヤマハ発動機、富士重工の各社の皆様には、訪問した際に多くのことをご教示いただいた。特に、ヴェスタス社の現東京支社長イェスパー・モーテンセン氏は、以前に神戸駐在のデンマーク通商代表部の所長をされているとき以来、大変お世話になっている。

しかし、残されている誤りは、すべて筆者の責任であるのは言うまでもない。
　原稿をまとめるのにあたり、龍谷大学大学院の安川賀子さんと弘田祐介君に資料の整理、校正、事務連絡などの雑用をしてもらい、遅れがちな筆者の仕事を何とか支えてくれた。途中で何度も挫けそうになる筆者を、時に優しく、時に厳しく叱咤激励してくれた株式会社新評論の武市一幸氏がいなければ本書は完成しなかったであろう。
　最後に、この一年間、ほとんどまともな休みも取れなかったにもかかわらず、協力してくれた家族に感謝したい。

　　　2004年2月2日

　　　　　　　　　　　　　　　　　　　　　　　　　　　　　松岡憲司

参考文献一覧

Anderse, Per[Unknown], "Review of Historical and Modern Utilization of Wind Power", on website of Risø (www.risoe.dk/rispubl/VEA/dannemand.htm#History)

Betz,Albert [1926], *Windenergie und Ihre Ausnutzung durch Windmühlen*, Vandenhoeck und Ruprecht.

Beuse, Ejvin(ed.al) [2000], *Vedvarende energi i Danmark, En krønike om 25 opvækstår 1975-2000*, OVEs Forlag.

BTM Consultant A/S, [1999], *International Wind Energy Development, World Market Update 2000*.

BTM Consultant A/S, [2000], *International Wind Energy Development, World Market Update 2001*.

BTM Consultant A/S, [2001], *International Wind Energy Development, World Market Update 2002*.

BTM Consultant A/S, [2002], *International Wind Energy Development, World Market Update 2003*.

Danish Energy Agency, [1999], *Wind Power in Denmark, Technology, Policies and Results*.

Danish Ministry of Energy [1990] *Energy 2000, A Plan of Action for Sustainable Development*.

Divone, Louis V. [1998] *"Evolution of Modern Wind Turbines"*, in Spera [1998].

Douthwaite, Boru [2002], *Enabling Innovation*,Zed Books.

Ender,C. [2002], "Wind Energy Use in Germany-Status 30.06.2002", *DEWI Magazin* Nr.21.

Ganshorn, Jørgen, [1995], Møller og Møllere i Danmark, mimeo.

Garud, Raghu, Peter Karnøe and E.Andres Garcia [1999], "The Emergence of Technological Fields", in Michael Lissac and Hugh P. Gunz(eds.) *Managing Complexity in Organization, a View in Many Directions*, Quarum Books.

Gipe, Paul, [1995], *Wind Energy Comes of Age*, John Willy & Sons.

Grastrup, Henning and Poul Nielsen [1990], "Large-Scale Wind Turbines", in Danish Energy Agency, [1999].

Grove-Nielsen,Erik [2000], "Mit liv med vinger", in Beuse(ed.al) [2000].

Hansen, H.C., [1981], *Forsøgsmøllen i Askov*, Dansk Udsyns Forsag.

Hansen, H.C., [1985], *Poul la Cour*, Askov Højskoles Forlag.

Heymann,Matthias [1995], *Die Geschichte der Windenergienutzung 1890-1990*, Campus Verlag.

Heymann,Matthias [1996], "Technisches Wissen, Mentalitäten und Ideologien: Hintergründe zur Mißerfolgsgeschichte der Windenergitechnik im 20. Jahrhundert", *Technikgeschichte*, Bd.63, Nr.3.

Heymann,Matthias [1998], "Signs of Hubris: The Shaping Wind Technology Styles in Germany, Denmark and the United States 1940-1990", *Technology and Culture*, Vol. 39, No.4.

Heymann,Matthias, [1999], "A Fight of Systems?Wind Power and Electric Power System in Denmark, Germany,and the USA", *Centaurus* Vol.41, pp.112-136.

Honnef, Hermann, [1932], *Windkraftwerke*, Friedr. Vieweg&Sohn AKT.-Ges.

Jensen, John [1999], *Møllepasning, Kursesmateriale*, Møllepuljen.

Johnson, Anna and Staffan Jacobsson [2000], "The Emergence of a Growth Industry - A Comparative Analysis of the German, Dutch and Swedish Wind Turbine Industries", a paper presneted at ICSB 2000, Brisbane, Queensland, Australia June 2000.

Kamp, Linda [2002], *Learning in Wind Turbine Development, A Comparison between Netherlands and Denmark*, University of Utrecht.

Karnøe, Peter, [1990], "Technologocal Innovation and Industrial Organization in Danish Wind Industry", *Entrepreneurship & Regional Development* Vol.2.

Karnøe, Peter, [1991], *Dansk Vindmølleindutri*, Samfundslitteratur.

Karnøe, Peter and Raghu Garud, [1998], "Path Dependence and Creation", Ventresca, M. & J.Porac(eds.) *Constructing Industries and Markets*, Elsevier.

Karnøe, Peter, Peer Hull Kristensen and Poul Houman Andersen(eds.) [1999], *Mobilizing Resources and Generating Competencies*, Copenhagen Business School Press.

Kealey, Edward J. [1987], *Harvesting Airs, Windmill Pioneers in Twelfth Century England*, University of California Press.

Kristensen, Peer Hull, [1995], *Denmark An Experimental Laboratory of Industrial Organization*, Handelshøjskolen i København.

Krohn, Soren [1997], "Danish Wind Turbines: an Industrial Success Story", download from Web Site of Danish Wind Turbine Manufacturers Association (http://www.windpower.dk/articles/success.html) on Feb. 19,1998.

Lundvall, Bengt-Åke [2002], *Innovation, Growth and Social Cohesion*, Edward Elgar.

Lynette, Robert and Paul Gipe [1998] "Commercial Wind Turbine Systems and Applidations", in Spera [1998].

Madsen, Birge T. [2000], "Den industrielle udvikling", Beuse(ed.al) [2000].

Maegaard, Preben [2002], "Vndmølle-pioneren Christian Riisager", Beuse(ed.al) [2000].

Miljøministriet [1993], *Møllebygningen i Danmark*.

Nelson, Richar R. and Sydney G. Winter [1982], *An Evolutionary Theory of Economic Change*, Havard University Press.

Nielsen, Henry , Keld Nielsen, Flemming Petersen and Hans Siggaard Jensen (eds.), [1998], *Til Samfundets Tarv- Forskningscenter Risø Historie.*

Nielsen,Kristian Hvidtfelt [1999], "Interpreting Wind Power vs.the Electric Power System: A Danish Case-Study", *Centaurus*, Vol.41, pp.161-177.

Odagiri, Hiroyuki and Goto, Akira [1996], *Technology and Industrial Development in Japan: Building Capability by Learning, Innovation and Public Policy*, Oxford U.P., (『河又貴洋、絹川真哉、安田英士訳『日本の企業進化～革新と競争のダイナミック・プロセス～』東洋経済1998年)。

Petersen, Flemming (ed.) [1993], *Som vinden blæser*, Elmuseet. (橋爪健郎訳「デンマーク風車発電の歴史」日本風力エネルギー協会〈風力エネルギー〉第23巻第1号、第2号、第3号、第4号)

Rasmussen, Bent, [1990], "Power Production from Wind", in Danish Energy Agency, [1999].

Redlinger, Robert Y., Per Dannemand Andersen and Poul Erik Morthorst[2002], *Wind Energy in the 21st Century*, Palgrave.

Reiche, Danyel [2002], *Handbook of Renewable Energy in the European Union*, Peter Lang.

Reynolds, Terry S. [1983], *Stronger than a Hundred Men, A History of the Vertical Water Wheel*, Johns Hopkins University Press. (末尾至行、細川吉欠延、藤原良樹訳『水車の歴史―西欧の工業化と水力利用―』平凡社、1989年)

Righter, Robert W. [1996], *Wind Energy in America, A History*, University of Oklahoma Press.

Risø, [1986], *The Test Station for Windmills.*

Risø, [1989], *Catalogue of Danish Wind Turbines.*

Shepherd, Dennis G, [1998] "Historical Development of the Windmill" in Spera [1998].

Smil, Vaclav [2003], *Energy at the Crossroad*, MIT Press.

Spera,D. [1998], *Wind Turbine Technology, Fundamental Concepts of Wind Turbine Engineering*, ASME Press.

Stokhuyzen, Frederick [1962], "The Dutch Windmill", http://webserv.nhl.nl/%7Esmits/windmill.htm (オリジナルはオランダ語で "Molens" published by CAJ van Dishoek-Bessum-Holland. 英語版への翻訳は Carry Dikshoorn による。)

Thorndahl, Jytte [1996], Dansk Elproducerende Vindmølle 1892-1962, Elmuseet. (松岡憲司、宮脇利菓訳「デンマークの発電用風車 1892-1962 Poul la Cour の理想風車から Johannes Juul の Gedser 風車まで」〈風力エネルギー〉第25巻第1号、第2号、第3号、第4号、第26巻第1号、第2号、第3号、第4号)

Thorndahl, Jytte [1999], "Johannes Juul-en rigtig vindelektriker", *Årsskrift 1998*, pp.39-47. Elmuseet.

Van Est, Rinie [1999], *Winds of Change, A Comparative Study of the Politics of Wind Energy Innovation in California and Denmark*, International Books.

Verbong,G.P.J. [1999], "Wind Power in the Netherlands", *Centaurus*, Vol.41, pp.137-160.

Wall, Mike [2003], "Horse Power in General", *Vintage Spirit*, No.15.

Wolsink, Maarten [1996], "Dutch Wind Power Policy", *Energy Policy*, Vol.24, No.12.

安東幸二郎［1927］『風車』工政会出版部。
井田均［1994］『カリフォルニアに風力発電が多い理由―自然エネルギー大国への道―』公人社。
牛山泉［1978］、「地縁技術としての風力利用」〈技術と経済〉第139号、pp.56-74。
牛山泉［1991］、『さわやかエネルギー風車入門』三省堂。
牛山泉［2000］、「20世紀における風力利用技術の変遷」〈風力エネルギー〉（日本風力エネルギー協会）第24巻第1号。
牛山泉［2002］『風車工学入門―基礎理論から風力発電技術まで―』森北出版。
牛山喜［1928］、「諏訪の風車」『地理学評論』第4巻、pp.774-791。
小川久門［1944］『風車工学』山海堂。
小澤祥司［2003］『コミュニティエネルギーの時代』岩波書店。
科学技術庁計画局［1980］『風エネルギーの有効利用技術に関する調査報告―「風トピア計画」調査報告―』（資源総合利用方策調査報告第35号）。
科学技術庁計画局自然課［1981］『我が国の風車利用―ひろがる風トピア―』
川上顕治郎、［1982］「製作者の記録（水車と風車）」『産業考古学』第23号、pp.10-11。
川上顕治郎、［1982］「風車・水車・建築（1）（技術の記録・堺の風車）〈建築とまちづくり〉8月、p.36。
川上顕治郎、［1982］「風車・水車・建築（2）（ランド・マークとしての風車）」〈建築とまちづくり〉9月、p.40。
川上顕治郎、［1982］「風車・水車・建築（3）（風土と技術・日本の水車）」〈建築とまちづくり〉10月、p.38。
川上顕治郎、［1982］「風車・水車・建築（4）（風土と技術・日本の風車）」〈建築とまちづくり〉11月、p.31。
川上顕治郎、［1982］「風車・水車・建築（5）（風土と技術・日本の水車）」〈建築とまちづくり〉12月、p.37。
川上顕治郎、［1983a］「風車・水車・建築（6）（水車と建築）」〈建築とまちづくり〉1月、p.30。

川上顕治郎、[1983b]「風車・水車・建築（7）（小型水車）」〈建築とまちづくり〉2月、p.8。
川上顕治郎、[1983c]「風車・水車・建築（8）（水車大工）」〈建築とまちづくり〉3月、p.34。
川上顕治郎、[1983d]「風車・水車・建築（9）（住宅と一体になった風車）」〈建築とまちづくり〉4月、p.5。
川上顕治郎、[1983e]「風車・水車・建築（10）（ラセン水車）」〈建築とまちづくり〉5月、p.19。
川上顕治郎、[1983f]「風車・水車・建築（11）（船水車）」〈建築とまちづくり〉6月、p.21。
粂澤郁郎［1948］「清水峠風車発電工事について」〈電力〉第32巻。
経済産業省資源エネルギー庁［2001］『みつめよう我が国のエネルギー〜エネルギー環境制約を超えて〜』(財)経済産業調査会。
工業技術院サンシャイン計画推進本部監修［1974］『サンシャイン計画、新エネルギー技術への挑戦』第一法規出版。
(財)日本産業技術振興協会［1984］『昭和58年度サンシャイン計画委託調査研究成果報告書、特許・情報調査研究、サンシャイン計画総合評価調査』。
産業施術会議会評価部会大型風力発電システム開発評価委員会［1999］『ニューサンシャイン計画「大型風力発電システム開発」最終評価報告書』。
清水満［1996］、『生のための学校　改訂新版』新評論。
末尾至行［1999］『中近東の水車・風車』関西大学出版部。
スズキ、ケンジ・ステファン［2003］『デンマークという国　自然エネルギー先進国──「風のがっこう」からのレポート─』合同出版。
関和市・池田誠［2002］『風力発電 Q&A』学献社。
田渕宗孝［2003］「デンマーク風力発電の社会的・文化的基礎」名古屋大学大学院人間情報学研究科修士論文。
通商産業省工業技術院編［1974］『新エネルギー技術研究開発計画（サンシャイン計画）』、日本産業技術振興協会。
塚本喜蔵［1946］「風力發電の経験を語る」〈技術新論〉第1巻第3号。
出水力、[1989]『水車の技術史』思文閣出版。
永尾徹［2001］「富士重工における風力発電システムの開発（中小規模の風力発電システムへの取り組み）」〈風力エネルギー〉第25巻第2号、pp.89-94。
中久保邦夫［2003］「風力発電と協同組合的所有──デンマークの協同組合運動の伝統と風力発電機の協同組合的所有──」〈経済情報学論集〉、vol.17
中島峰広、[1984]「わが国における風車灌漑の地理学的研究」〈地理学評論〉57（Ser. A) - 5、pp.307-328。
中島峰広、[1986]「わが国における風車灌漑」、山崎俊雄、前田清志編『日本の産業

遺産：産業考古学研究』玉川大学出版会、pp.312-331。
長山敬、［1938］「滿州各地の風車利用に關する基礎的調査の一斑」『大陸科学学院彙報』、第1巻第2号、pp.117-122。
南部鶴彦［2003］『電力自由化の制度設計―系統技術と市場メカニズム―』東京大学出版会。
根本順吉［1985］『渦・雲・人　藤原咲平伝』筑摩書房。
根本泰行［2002］「満州国大陸科学院における風車研究について」技術史教育学会『2002年度総会・研究発表講演論文集』。
根本泰行・牛山泉・菅原隆年・田子秀之［2002］「往年の名機山田風車の空力学的評価」、〈技術史教育学会誌〉3（1, 2）。
橋爪健郎、［1996］「ポール・ラ・クール―世界最初に風力発電を実用化した男」、清水満、『生のための学校　改訂新版』新評論、補論（二）所載。
橋本毅彦、［1993］「欧米における風力発電技術」『技術継承状況調査平成5年度調査報告』NEDO-P-9312, pp.93-118（新エネルギー・産業技術総合開発機構）。
橋本毅彦、［1993］「風力エネルギー利用技術の開発」『技術継承状況調査平成8年度調査報告』NEDO-P-9605、pp.17-32（新エネルギー・産業技術総合開発機構）。
橋本毅彦、［1996］「日本における風力エネルギー利用技術の発展」『技術継承状況調査平成7年度調査報告』第2章 NEDO-P-9505、pp.35-55（新エネルギー・産業技術総合開発機構）。
平田寛［1976］『失われた動力文化』岩波新書。
フォーブス、R.J.［1978］「動力」C.シンガー、E.J.ホームヤード、A.R.ホール、T.I.ウィリアムズ編『技術の歴史4　地中海文明と中世　下』筑摩書房。
藤本隆宏［1997］『生産システムの進化論』有斐閣。
堀史郎［2002］「風力発電政策の現状と政策の動向について」、第24回風力エネルギー利用シンポジウム報告論文。
松宮輝［1998］『ここまできた風力発電　改訂版』工業調査会。
水野夏一［1922］『農業動力および改良農具（上）』帝国農会。
本岡玉樹、［1925］「風車の話」〈科学知識〉第5巻第8号、pp.930-936。
本岡玉樹、［1933］「デンマークに於ける風力利用の現状」〈動力〉第22號、pp.26-30。
本岡玉樹［1934］「オックスフォード大學農業工學科風力研究所に於ける各種發電用風車の實驗報告」〈動力〉第30號、pp.9-16
本岡玉樹、［1936］「満州國に於ける風力利用の研究　第1報」〈大陸科学学院彙報〉第1巻第2号、pp.85-107。
本岡玉樹、［1942］「最も經濟的な動力・風車の利用」〈土木満州〉（満州土木学会）第2巻第4号、pp.32-40。
本岡玉樹、［1949］『風車と風力発電』オーム社。
横山隆一［2001］『電力自由化と技術開発』東京電機大学出版局。

索　引

【あ】

相川賢太郎　189
アイントホベン工科大学　144, 145
アクティブ・ヨー　32, 95, 123, 188, 193
アグリコ風車　80, 172
アスコウ・フォルケホイスコーレ　74, 75, 77, 82, 112, 218
アップウインド　30, 31, 33, 84, 87, 92, 157, 186, 188, 190, 192
アナセン, リセ　63
アーベキング＆ラスムセン社　39
アルターナジー社　39, 109
アンデルセン公園　64, 65
安東幸三郎　171
イェンセン, ジョン　63-65, 67, 68, 224
石川島播磨重工業　184
石原慎太郎　29
伊藤君太郎　166, 171
イノベーション・システム　214
ウィップ・ミル　56, 60, 61
ヴィネビュ　45
ウインドマスター社　137, 157-159
ウインドマティック社　87, 94
ウインド・ワールド社　37, 45
ヴィンナギ社　39, 40
ヴェスター・イースボー風車　82-84
ヴェスタス社　32-34, 37, 39, 42, 44-46, 94, 95, 103, 105-107, 109, 113, 137, 190, 215, 221
ヴェンシス・エネルギー・ジステム社　36, 132
ヴェンティモトア社　121

ヴォベン, アロイス　130
牛山泉　178, 180, 191
牛山喜　166, 167
粂沢郁郎　181
ウモ社　39
運転研究　205
エアロマン　127, 128
エケア風力エネルギー社　95, 108
エコテクニア社　35
エコロジー・コーポレーション　193
エヌ・イー・ジー・ミーコン社　187, 193-195
エネルギー研究所（ERDA、米）　86, 92
エネルギー研究プロジェクト局　145
エネルギー需給構造改革投資促進税制　206
エネルギー省　100, 101
エネルギー2000　104
エネルギープラン81　100
エネルコン社　33, 42, 43, 46, 117, 130, 137
エリン社　40
エルクラフト　93, 101
エルサム　93, 94, 101
エレクトロ社　182
エーロスター　39, 109
エンロン・ウインド社　34
エンロン・グループ　34
小川久門　171
小田切宏之　6
オフショア　43-45, 108
オプティティップ　106

親方・徒弟制度　112, 118, 133
オランダ・エネルギー開発会社（NEOM）
　143, 145
オランダ・エネルギー原子炉センター
　（ECN、旧RCN）　143, 145-147, 151, 156
オランダ応用科学研究機構（TNO）　143,
　145
オランダ気象学研究所（KNMI）　145
オランダ風車協会　138, 139

A.フリードリッヒ・フレンダー社　39
ABB社　40, 41, 89
F.L.S.エアロモーター　81
F.L.スミト社　81, 82
HAT-25　151, 152, 154, 155
HMZ社　144, 156, 185
LMグラスファイバー社　38, 39, 105,
　108-110
MADEエネルギアス社　35
MAN社　125-128, 215
MATエアフォイル社　39, 108, 109
NCH社　144, 156
NEGミーコン社　33, 37, 42, 44, 94, 107,
　113, 186, 187, 193, 195, 215, 221
Newecs-25　151-154
Newecs-40　154
Newecs-50　154
Newecs-45　153-155
NOIロトアテヒニク　39
NOW-1　142-151
NOW-2　149-155, 160
NOZ（太陽エネルギー研究プログラム）
　143
S.モーガン・スミス社　41
SEAS社　45
S.J.ウインドパワー社　94, 96

【か】
介入的な政策　204
ガイプ，ポール　53, 125, 127
風エネルギー研究会　182
風トピア計画　179, 182, 183, 217
カヌー，ピーター　4, 223, 224
可変ピッチ　148
上平グリーンヒルウインドファーム
　46-49, 108
ガメサ・エオリカ社　34
カリフォルニアブーム　99, 100, 102
川本製作所　168
灌漑　52, 53, 164, 168, 196
灌漑用風車　166-172, 174, 196
環境税　208
関西電力　188
カンプ，リンダ　4, 143
ギアレス　33, 36, 44, 130, 193
気候変動枠組み条約第3回締約国会議
　（COP3）　27
技術開発支援　197
技術革新能力　6, 7, 214, 219, 220
丘上風車　63
協同組合　97, 98, 153, 219
クラトースタット　77, 79
グランド・セイラー　63
クリアント社　94
グリーン証書　204
グルントヴィ，N.F.S　77, 82, 218, 219
クレジット（証書）　211
グロヴィアン　42, 124-128, 133, 154, 215
グロヴィアンⅡ　126
グローヴェ=ニールセン，エーリク　39,
　95, 109
グロニンゲン大学　145
グロハット　154, 155
K.J.ファイバー社　39, 109

索引 233

系統接続 48, 195
経路依存性 5, 214, 220
ゲッサー発電機 79
ゲッサー風車 44, 79, 81-87, 89, 92, 124, 215
ゲッチンゲン大学 117, 118, 122
ケマ（KEMA） 145, 154
研究技術省（BMFT） 124, 126, 127, 133
公益事業規制政策法——パルパ法
国立エネルギー研究運営委員会（LSEO） 142, 143, 145, 162
国立航空宇宙研究所（NLR） 145, 146, 149, 151
後藤 晃 6
小徳 166
小島 剛 193
ゴールディング, E.W 84

【さ】

再生可能エネルギー（法） 26, 129, 200, 201, 203, 204, 210, 211
再生可能エネルギー割当制度（RPS） 27, 210-212
サボニウス型 30, 183
産業技術総合研究所（旧、機械技術研究所） 124, 185, 189, 191
サンシャイン計画 184-187, 196, 197
ザーン地区 54, 63
GEウインド社 33, 34, 36, 42
ジェイウインド東京 29
市場開発支援 197
市場メカニズムによる政策 204
システム設計 205
シーメンス社 40
シモン・ステビン
10年合意 101, 104
10分の1税 69

シュレヴィ・ホルシュタイン戦争 218, 219
シュレースウィヒ・ホルシュタイン州 116, 117
シュンペータ仮説 5, 6
シュンペーター, ヨゼフ 4
省エネルギーセンター（CE） 142
ジョンソン, アンナ 4
新エネルギー 200, 201, 203, 205, 206, 208, 210-212
新エネルギー財団（NEF） 208
新エネルギー・産業技術総合開発機構（NEDO） 46, 48, 184, 187, 188, 191, 192, 194, 205
新エネルギー導入促進事業 205
新エネルギー利用等の促進に関する特別措置法（新エネ法） 200, 202, 205
水車 52, 65, 66, 164, 172
垂直軸風車 53
垂直軸風力発電機 30, 31, 146, 150, 151, 183
水平軸風力発電機 30, 31, 146-148, 150-155
末尾至行 53
スキポール 59, 146
スズロン社 36
寿都町 188
ステビン, シモン 57, 58
ストルク社 145-147, 151-154, 216
ストール制御 30, 33, 44, 82, 84, 87, 92, 188
スバル風車 192
スミス・パットナム風車 41
スモック・ミル 57, 61, 62, 66
制限付性能認証（BKC） 156
関 和市 191
ゼフィロス社 36, 161
漸進的改良 5
漸進的な技術進歩 221
総合エネルギー評議会（AER） 145

総合資源エネルギー調査会新エネルギー部会　27
増速ギア　38, 44
ソーネベア社　37, 87, 94, 110
ソーレンセン, クリスチャン　74, 75, 215
ゾンド社　34

【た】

大科式調速装置　174
大陸科学院　173, 176
ダウンウインド　30, 31, 89, 123, 157, 185, 188
多極同期発電機　33, 130, 160
タッケ・ウインドテヒニック社　34, 117
W34　123-125, 133
多翼風車　31, 67
多翼風力発電機　154, 155, 160
ダリウス型　30, 31, 53, 146, 183
炭素税　207, 208
地域エネルギー開発利用事業　208, 209
地域エネエルギー開発利用発電事業　208, 209
地域新エネルギー導入促進事業　206
地域のための電気技術者養成講座　79, 82, 216, 217
地縁 (技術)　5, 88, 105, 111, 132, 147, 169, 171, 180, 196, 197, 217
中空ポスト・ミル──→ウィップ・ミル
調速装置　173
ツヴィン・フォルケホイスコーレ　88, 89, 92, 95, 112, 218
ツヴィン風車　88, 89, 218
定格出力　24, 26, 33, 36, 116, 159, 161, 189, 192
ティーターリング・ハブ　123, 133, 189
ティップヴェーン　148, 149
ティップブレーキ　44, 84, 87

TWIN　158, 159, 161
デ・ヴィンド社　35, 130, 132
テスト＆リサーチ・センター (TRC)　83, 88, 98, 104, 112, 218
デッケル (大工)　138, 139
テハチャピ　100, 108
デールゴー, フレゼリク　80
電気事業者による新エネルギー等の利用に関する特別措置法 (RPS法)　27, 211
デンマーク・ウインド・テクノロジー　93
デンマーク技術科学アカデミー　92
デンマーク公共電力協会 (DEF)　83, 86, 100
デンマーク・コンセプト　44
デンマーク・タイプ　84, 89, 105, 186, 188, 190
デンマーク電気博物館　86, 87
デンマーク風力発電会社　79, 80, 216
デンマーク・モデル　6, 7, 214, 220
電力供給法　26, 129
ドイツ均等化銀行　129
東海大・望星企業　182
塔型風車　63, 215
同期発電機　44
東京電力　184, 185
トップダウン型　88, 133, 162, 196, 197, 218, 220, 221
東南シェラン電力会社 (SEAS)　82, 84
苫前町　29, 43, 46-49, 108, 131
トーメンパワー苫前　46, 49
トラスコ社　156
ドリームアップ苫前　46, 49, 131
トーンダール, イット　224

【な】

永岡式風洞型風力発電機　180, 181
永岡風力発電機 (株)　177, 180, 181

索引 235

中島峰広 168
ナセル 37, 38, 43, 86, 100
二重反転方式 119, 120
2乗3乗の法則 43
ニーダーザクセン州 116
ニーベ風車 92, 93, 220
ニュウィンコ社 156, 157
ニューサンシャイン計画 184-187, 197
ニュステッド 45, 108
認定設備 99
ネドウインド社 37, 137, 157-160
ノエスンド 45
ノータンク社 33, 37, 94, 107
ノルデックス社 34, 46, 130, 131

【は】

排水ミル 56-59
ハイマン, マティアス 4, 126, 133, 217
パクト社 157
橋本毅彦 180
80年戦争 58
パッシブ・ヨー(フリー・ヨー) 32, 95, 188
パットナム, パーマー・コスレット 41
パルトロック 55, 62, 63
パルパ法 35, 99, 101
ハーレメルメール 59
パワー係数 118
ハンセン・トランスミッション社 40
東インド会社 55
ピッチ制御 30, 33, 44, 92, 106, 130, 151, 152, 157
日の丸プロ 178, 183
100MW合意 103, 104
ヒュッター, ウルリッヒ 42, 88, 121-126, 133, 162, 215, 217
ビラウ(エンジニア) 138
フーアレンダー社 35, 130, 132

ファン・エスト, リニー 4
ファン・ティエンホーフェン, P.G 138
ファン・デル・ポル社 144, 153
フィールドテスト事業補助金 204, 205
風況調査 205
風車司法権 68
風車発電財団 140
風車守り 62
風力委員会 83-85
風力エネルギー統合プログラム(IPW) 155-159
風力発電機法 104
風力発電機製造者協会(FDV) 101
風力プログラム 92
フォイト社 126
フォッケル社 145-147, 150, 151, 153, 216
富士重工 37, 164, 187, 191, 216
富士電機 182, 183
藤原咲平 177
フスマー・シフスヴェルフト社 131
フレックスハット 154, 155, 157
フレックスビーム 157
フレデリック=ヘンドリク・ファン・ナッサウ 58
ヘアボー風力 95
ペザーセン, ヘリエ 88, 98
ベッツ, アルベルト 117, 118
ベッツの限界 118, 148
ベルト風車 63
ベレワウト社 156, 157
ボウエ風車 82-84
包括的電力競争法 101
ボウマ社 144, 156, 157
補助金 204-206, 212, 218
ポスト・ミル 56, 60-62, 66
ホースミル 52, 58

ボトムアップ型　88, 98, 103, 133, 196, 197, 218, 220, 221
ボーナス・エナギー社　34, 37, 44-46, 94, 108, 137, 215
ボーヘス社　144
ポルシェ, フェルディナンド　120
ポール・ラ・クール博物館　76
ホレク社　144, 145, 147, 152, 153, 157, 216
本岡玉樹　168, 171-174, 176, 177, 180
ホーンス・レウ　45
ホンネフ, ヘルマン　41, 42, 118-121, 133

【ま】

マイクル, アンドリュー　67
マウリッツ・ファン・ナッサウ　58
マーシャルプラン　83
松下精工　182, 183
ミーコン社　137, 156, 186, 187, 193
ミズルグロネン　45, 108
三菱重工　35, 37, 39, 102, 164, 186, 187, 189-191, 193, 216
ムーンライト計画　186
メツォ・ドライブ・テヒノロギー社　40
メッサーシュミット・ベルコウ・ブロム社　126, 215
モノプテロス　126, 215
モハベ砂漠　100, 190

【や】

ヤコブス社　131
ヤコブソン, スタファン　4
山田基博　177, 179, 180, 217
山田風車　177-180, 182, 183, 196
山田風力電設工業所　178
ヤマハ発動機　37, 124, 164, 186, 187, 189, 191, 216
誘導発電機　44, 186

夕陽丘ウインドファーム　46, 48
ユーラスエナジー苫前　46, 47
ユール, ヨハネス　44, 78, 79, 82, 83, 86-89, 124, 133, 162, 217, 219, 224
揚水（肥培）風車　167, 168, 170, 174, 176
横浜永岡風力機　181
ヨー制御　32, 38, 148
ヨハンセン, カイ　39
ヨーロッパ風力エネルギー協会　2
ヨーロッパ復興基金　129

【ら】

ライン・ウェストフェーリシェス電力（RWE）　120, 125
ラ・クール・スイッチ　77
ラ・クール, ポール　73-80, 82, 112, 172, 215-217, 219, 224
ラーデマーケエル社　147
ラーヘルウェイ社　36, 136, 137, 144, 156, 158-162, 216
ラーヘルウェイ, ヘンク　159
リーセア, クリスチャン　87, 94, 96, 110, 133, 215
リソ国立研究所　83, 88, 93, 98-100, 104, 110, 112, 217, 218
リパワー・ジステムズ社　35, 36, 39, 130-132
離島用風力発電システム　186
リュゲゴー風車　79, 80
ルンヴァル, ベント＝オーケ　6
レイン・スヘルデ・フェロルメ社　146, 150
レーフワーテル, ヤン・アンドリアヌス　57-59
ローカルエネルギー利用設備の固定資産税　206
六甲新エネルギーセンター　188

著者紹介

松岡憲司（まつおか・けんじ）
1950年、東京生まれ。
神戸大学大学院経済学研究科博士後期課程単位取得退学。
神戸大学博士（経済学）。尾道短期大学、大阪経済大学を経て、1999年より龍谷大学経済学部教授。1997年にコペンハーゲン商科大学客員教授。専門は産業組織論、中小企業論。
主要著作 『賃貸借の産業組織分析』同文舘、1994年。『スポーツエコノミクスの発見』法律文化社、1996年（編著）。『企業社会のゆくえ』昭和堂、1991年（共著）。『地域開発と企業成長～技術・人材・行政～』日本評論社、2004年（編著）など。

風力発電機とデンマーク・モデル
——地縁技術から革新への途——　　　　　　　　　　（検印廃止）

2004年3月30日　初版第1刷発行

著　者　松　岡　憲　司
発行者　武　市　一　幸

発行所　株式会社　新　評　論

〒169-0051　東京都新宿区西早稲田3-16-28
http://www.shinhyoron.co.jp
TEL 03 (3202) 7391
FAX 03 (3202) 5832
振替 00160-1-113487

落丁・乱丁はお取り替えします。
定価はカバーに表示してあります。

印刷　フォレスト
製本　清水製本プラス紙工
装丁　山田英春＋根本貴美枝
写真　松 岡 憲 司
　　　（但し書きのないもの）

Ⓒ松岡憲司　2004

Printed in Japan
ISBN4-7948-0626-4 C 0036

よりよく北欧を知るための本

福田成美
デンマークの環境に優しい街づくり
四六 250頁 2520円
ISBN 4-7948-0463-6 〔99〕
自治体、建築家、施工業者、地域住民が一体となって街づくりを行っているデンマーク。世界が注目する環境先進国の「新しい住民参加型の地域開発」から日本は何を学ぶのか。

福田成美
デンマークの緑と文化と人々を訪ねて
四六 304頁 2520円
ISBN 4-7948-0580-2 〔02〕
【自転車の旅】サドルに跨り、風を感じて走りながら、デンマークという国に豊かに培われてきた自然と文化、人々の温かな笑顔に触れる喜びを綴る、ユニークな旅の記録。

飯田哲也
北欧のエネルギーデモクラシー
四六 280頁 2520円
ISBN 4-7948-0477-6 〔00〕
【未来は予測するものではない、選び取るものである】価格に対して合理的に振舞う単なる消費者から、自ら学習し、多元的な価値を読み取る発展的「市民」を目指して!

B.ルンドベリィ&K.アブラム=ニルソン／川上邦夫訳
視点をかえて
A5 224頁 2310円
ISBN 4-7948-0419-9 〔98〕
【自然・人間・社会】視点をかえることによって、今日の産業社会の基盤を支えている「生産と消費のイデオロギー」が、本質的に自然システムに敵対するものであることが分かる。

河本佳子
スウェーデンののびのび教育
四六 256頁 2100円
〔02〕
【あせらないでゆっくり学ぼうよ】意欲さえあれば再スタートがいつでも出来る国の教育事情(幼稚園~大学)を「スウェーデンの作業療法士」が自らの体験をもとに描く!

伊藤和良
スウェーデンの分権社会
四六 263頁 2520円
ISBN 4-7948-0500-4 〔00〕
【地方政府ヨーテボリを事例として】地方分権改革の第2ステージに向け、いま何をしなければならないのか。自治体職員の目でリポートするスウェーデン・ヨーテボリ市の現況。

伊藤和良
スウェーデンの修復型まちづくり
四六 304頁 2940円
ISBN 4-7948-0614-0 〔03〕
【知識集約型産業を基軸とした「人間」のための都市再生】石油危機・造船不況後の25年の歴史と現況をヨーテボリ市の沿海に見ながら新たな都市づくりのモデルを探る。

北欧閣僚会議編／大原明美訳
北欧の消費者教育
A5 160頁 1785円
ISBN 4-7948-0615-9 〔03〕
「共生」の思想を育む学校でのアプローチ】ライフ環境を共有・共創し、「自立・共同・共生」の視点から体系化を図り、成熟社会へ向けた21世紀型の消費者教育のモデル。

武田龍夫
物語 スウェーデン史
四六 240頁 2310円
ISBN 4-7948-0612-4 〔03〕
【バルトか大国を彩った国王、女王たち】北欧白夜の国スウェーデンの激動と波乱に満ちた歴史を、歴代の国王と女王を中心にして物語風に描く! 年表、写真多数。

清水 満
新版 生のための学校
四六 288頁 2625円
〔96〕
デンマークに生まれたフリースクール「フォルケホイスコーレ」の世界】テストも通知表もないデンマークの民衆学校の全貌を紹介。新版にあたり、日本での新たな展開を増補。

A.リンドクウィスト, J.ウェステル／川上邦夫訳
あなた自身の社会
A5 228頁 2310円
〔97〕
【スウェーデンの中学教科書】社会の負の面を隠すことなく豊富で生き生きとしたエピソードを通して平明に紹介し、自立し始めた子どもたちに「社会」を分かりやすく伝える。

※表示価格はすべて税込み定価・税5%。